COURS ÉLÉMENTAIRE

D'HORTICULTURE

A L'USAGE DES ÉCOLES PRIMAIRES,

RÉDIGÉ SUR LES NOTES DE M. BONCENNE, JUGE AU
TRIBUNAL CIVIL DE FONTENAY (VENDÉE),

PAR M. SAUVAGET,

Instituteur communal à Saint-Médard-des-Prés (Vendée), membre de la
Société d'Émulation de la Vendée, membre correspondant de la
Société d'Horticulture de Niort (Deux-Sèvres).

PREMIÈRE PARTIE.

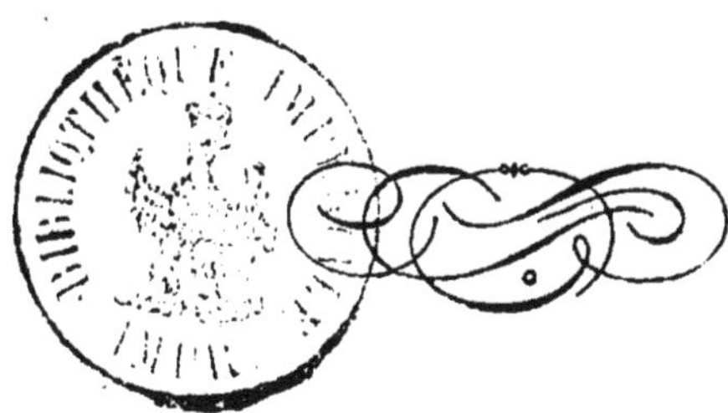

NANTES,

IMPRIMERIE DE VINCENT FOREST, PLACE DU COMMERCE, 1.

1859.

Poitiers, le 12 février 1859.

A M. SAUVAGET, INSTITUTEUR A St-MÉDARD-DES-PRÉS (VENDÉE).

Monsieur,

J'ai lu, suivant le désir que vous m'en avez manifesté, votre *Cours élémentaire d'Horticulture à l'usage des Écoles primaires.*

Il n'est pas seulement le résumé exact des leçons utiles et pratiques de monsieur Boncenne, que vous et lui, au point de vue de la science, désirez vulgariser, — il est évidemment la pensée d'un homme de bien, et il a, à mes yeux, un autre genre de mérite qui le recommande, c'est de mettre en lumière et en honneur ces principes vivifiants dont l'heureux effet, à la campagne comme à la ville, est de rendre l'homme meilleur.

A titre d'essai, tout au moins, je vous dois des encouragements et je vous les donne très-volontiers.

Agréez donc mes sincères félicitations.

Le Recteur de l'Académie,

L. JUSTE, Vic.-Gén. de Rouen.

Luçon, 17 février 1859.

A M. BONCENNE, JUGE A FONTENAY-LE-COMTE.

Monsieur,

J'ai parcouru avec le plus grand intérêt le *Cours élémentaire d'Horticulture à l'usage des Écoles primaires,* écrit, pour ainsi dire, sous votre dictée et mis en pratique sous vos yeux avec une rare intelligence. Je vous remercie, Monsieur, de votre communication, et je fais des vœux bien sincères pour la propagation de ce livre d'une utilité incontestable, au double point de vue de la religion et de la société.

Recevez, Monsieur, l'assurance de mon respect et de mon estime particulière.

† François-Augustin DELAMARE,

Evêque de Luçon.

ERRATA.

Page 57, ligne 8. Au lieu de *nourriture*, lisez : *nourrice*.

Page 60, ligne 7. Au lieu de *la reçoit, la conserve*, lisez : *les reçoit, les conserve ;*

Page 78, ligne 6. Au lieu de *laquelle*, lisez : *lequel*.

Page 96, en titre. Au lieu de *le choux*, lisez : *les choux*.

Page 113, ligne 22. Au lieu de *seront*, lisez : *seraient*.

Page 131, ligne 14. Au lieu de *culutre*, lisez ; *culture*.

Page 237, ligne 11. Au lieu de *salatixe*, lisez ; *saxatite*.

COURS ÉLÉMENTAIRE

D'HORTICULTURE

A L'USAGE DES ÉCOLES PRIMAIRES.

AUX INSTITUTEURS COMMUNAUX.

Je dois à M. Boncenne, juge à Fontenay, d'avoir compris l'utilité et connu les charmes du jardinage.

Lorsqu'il venait, en sa qualité de délégué cantonal, visiter l'école que je dirige, il me conseillait toujours d'y introduire l'enseignement de l'horticulture. Il me disait souvent :

Tâchez de retenir ces pauvres enfants au foyer de leurs pères, montrez-leur nos champs déserts, nos jeunes laboureurs devenus de misérables copistes, des commis de bureau déguisés en citadins ; voyez leur âme desséchée, corrompue par le souffle impur des cafés et des lieux de débauche ; leurs membres étiolés, leur visage amaigri par la chaleur du poële et la privation du grand air. Qu'ils reviennent au village ? ils seront incapables de tenir une bêche ou de tracer un sillon, désormais ils sont perdus pour l'agriculture.

Le meilleur moyen, ajoutait-il, pour arrêter ce mal, serait de leur donner une instruction appropriée à leur état ; de leur inspirer de bonne heure le goût des cultures, des plantations, des soins agricoles, de l'habitation champêtre.

Or, croyez-le bien, rien n'est plus propre à hâter cet heureux résultat que l'enseignement théorique et pratique du jardinage. Joignez vous-même l'exemple à vos leçons, cultivez, plantez, peignez votre petit jardin, faites briller aux yeux de vos jeunes élèves des prunes veloutées, des cerises vermeilles, des fraises, des groseilles qu'ils goûteront. Plantez aussi quelques fleurs qu'ils cueilleront pour orner aux jours de fêtes l'autel vénéré de la Vierge Marie......

Je comprenais ses vues si justes, j'aurais voulu me rendre immédiatement à ses désirs; mais comment enseigner l'horticulture? je n'en savais pas le premier mot. C'est alors que M. Boncenne résolut de venir deux fois par semaine à l'école de Saint-Médard-des-Prés pour y donner lui-même des leçons de physiologie végétale et d'horticulture pratique. Il sut bientôt gagner la confiance et captiver l'attention des enfants confiés à mes soins; il obtint dès la première année d'heureux résultats; la moitié environ des élèves rédigèrent une composition et des prix spéciaux furent décernés à ceux qui avaient répondu avec

le plus d'intelligence aux questions posées.

La seconde épreuve fut plus satisfai-
sante, plus décisive ; j'avais pu moi-même
acquérir quelques connaissances et donner
des répétitions, et le jour de la distribution
des prix, au mois de septembre dernier,
un examen public vint prouver à M. l'Ins-
pecteur de l'arrondissement de Fontenay,
aux administrateurs de la commune, au
digne pasteur de la paroisse et à tous les
parents qui assistaient à cette intéressante
cérémonie que ces jeunes enfants, avaient
rapidement saisi, parfaitement compris les
explications si claires et si précises de leur
bienveillant professeur.

Aujourd'hui, ils ont presque tous leur
petit jardin ; je leur distribue des graines
de fleurs, de légumes ; chacun sème,
plante, arrose et veut que ses produits
dépassent en beauté, en vigueur ceux de

ses voisins. Plus de jeux bruyants, plus de courses, de disputes, de batailles dans les rues du village ; tous les moments de récréation se passent au jardin, où l'on prend un exercice salutaire, excellent prélude aux travaux plus sérieux des grandes cultures.

C'est donc avec la plus entière conviction que j'engage tous mes confrères à introduire dans leurs écoles respectives l'enseignement du jardinage.

Si, moins heureux que moi, ils ne trouvaient pas dans leur voisinage un homme généreux et instruit, qui voulut bien les guider, je leur offre ce petit livre, résumé fort exact des leçons de M. Boncenne.

Attentif, en effet, à tous les développements qu'il donnait en faisant son cours, j'ai recueilli des notes très-étendues que j'ai soigneusement conservées. Ce sont ces notes, mises en ordre par moi, revues et corrigées par le maître, que je publie avec l'assentiment de mes supérieurs.

La première partie que voici, comprend : quelques notions de physiologie végétale, les principes généraux, les opérations pratiques et la culture potagère.

La seconde partie qui paraîtra très-prochainement, je l'espère, contiendra : l'arboriculture, c'est-à-dire la plantation, le bouturage, le marcottage, la greffe, enfin la taille des arbres fruitiers et la culture de la vigne.

Le 17 Novembre 1858.

SAUVAGET.

INTRODUCTION.

Chers enfants,

Mon but, en vous donnant ici quelques principes de jardinage, n'est pas de faire de vous des botanistes, des savants, qui trouvant trop étroit le verger de leurs pères, rêvent l'illustration, nourrissent d'ambitieux desseins, et finissent par quitter le village, pour s'aventurer dans les villes, pour se jeter au milieu de ces agglomérations fétides qui empoisonnent le cœur et ruinent la santé.

Je me garderai bien d'exciter en vous de pareils sentiments, je vous trouve trop heureux dans votre humble et modeste position. O mes amis! rendez grâce à Dieu qui vous a fait naître au milieu de ces belles campagnes couvertes chaque année de moissons, de fourrages, de fruits de toute sorte.

Vous êtes libres vous; l'air pur, le soleil, l'espace sont à votre disposition; comme l'alouette matinale, vous chantez dès l'aurore, vous sautez comme les agneaux à la suite de vos troupeaux.

Vous buvez le lait des génisses, vous mangez les fruits de vos jardins, et quand vient l'hiver, vous avez du pain, des vêtements.

L'enfant des villes, lui, ne voit jamais le grand jour, il étouffe ou grelotte dans un étroit grenier, couche sur une poignée de haillons et mange un morceau de pain sec que sa pauvre mère arrose souvent de ses larmes. Chaque matin il sort de cette prison, non pour courir aux champs, mais pour se renfermer dans ces fabriques où des hommes cruels exigent de lui les travaux les plus pénibles; ce n'est pas de l'air qu'il respire, c'est un mélange de fumée, de gaz délétères, d'odeurs nauséabondes, on le retient ainsi dix heures, et ses maîtres impies ne lui laissent pas le dimanche pour prier Dieu et prendre un peu de repos.

Restez donc aux lieux qui vous ont vus naître,

cultivez la terre qui vous nourrit, conservez ces vêtements, ces habitudes rustiques, soyez laboureurs, c'est la plus noble, la plus indépendante de toutes les professions, c'est la plus douce, la plus honnête de toutes les existences.

Bernard de Palissy, pauvre potier de Saintonge, qui vivait en l'an 1560, fut poussé par son génie, par son ambition vers la capitale; on lui promettait qu'il y trouverait richesses et triomphes, il n'y trouva que déboire et pauvreté. Dans son malheur il regrettait les champs, il rêvait un jardin et s'écriait dans son vieux langage :

« Je m'esmerveille d'un tas de fols labou-
» reurs que soudain qu'ils ont un peu de bien
» qu'ils auront gagné avec grand labeur en leur
» jeunesse, ils auront après honte de faire leurs
» enfants de leur estat de labourage, les feront
» du premier jour plus grands qu'eux-mêmes
» les faisant communément de la pratique, et
» ce que le pauvre homme aura gagné à grand'-
» peine et labeur il en despendra une grande
» partie à faire son fils monsieur, lequel mon-

1*

» sieur aura enfin honte de se trouver en la
» compagnie de son père et sera desplaisant
» qu'on dira qu'il est fils d'un laboureur et si,
» de cas fortuit, le bonhomme a certains autres
» enfants, ce sera ce monsieur là qui mangera
» les autres et aura la meilleure part, sans
» avoir égard qu'il a beaucoup coûté aux
» écholes pendant que les autres frères culti-
» vaient la terre avec leur père, et en cepen-
» dant voilà qui cause que la terre est le plus
» souvent avortée et mal cultivée. »

Vous le voyez, il y a longtemps que l'homme des champs est tourmenté du désir d'échanger son habit de bure et sa douce liberté, pour des vêtements qui le gênent, pour des professions qui loin de l'élever l'abaissent et l'enchaînent comme un esclave.

Gardez-vous de cette manie dangereuse, attachez-vous au sol, au patrimoine de votre famille, cherchez le bonheur dans les occupations si intéressantes, si utiles de l'agriculture et du jardinage, oui, du jardinage, rien n'est plus attrayant, plus attachant que la culture d'un jardin.

La plus triste chaumière, si vous l'entourez de fruits, de quelques fleurs, prendra presqu'aussitôt un air de gaîté, de propreté, d'abondance ; au lieu de pierres amoncelées, de morceaux de bois épars, de cloaques, d'imondices de toute sorte, vous apercevrez un terrain nivelé, cultivé, soigneusement entouré de palissades ; au lieu de ronces qui envahissaient quelques arbres rabougris vous aurez des liserons, des capucines ; au lieu de lierre tapissant les murailles, vous aurez des treilles d'où pendront des grappes dorées ; vous cueillerez au printemps la cerise, la fraise, la groseille, un peu plus tard la prune veloutée, l'abricot, la poire, plus tard encore, vous récolterez des pommes que vous grignoterez l'hiver au coin du feu. En tout temps enfin, la ménagère pourra trouver dans le jardin ces légumes si précieux pour la nourriture de la famille, sa main habile saura les préparer et chaque matin vous aurez ce mets succulent, savoureux ; cet aliment salutaire, indispensable, qui réchauffe et dispose le corps aux rudes travaux : vous mangerez la soupe aux choux.

Mais, direz-vous, pour transformer ainsi nos pauvres demeures, pour changer en vergers, en jardins tous ces lieux incultes, pour orner de fleurs ces abords pierreux et malpropres, il nous faudrait du savoir, de la pratique, il nous faudrait étudier, connaître les principes du jardinage, il nous faudrait enfin quelqu'un qui pût nous instruire et nous guider. Oui, sans doute, et c'est pourquoi je mets à votre disposition le secours de mes faibles lumières et de mon expérience, je viens vous offrir quelques leçons amicales, quelques conseils, et je serais bien heureux, bien dédommagé de mes peines, si je vous voyais bientôt dociles à mes instructions, cultiver vous-mêmes votre petit jardin, planter des arbres, orner de fleurs les alentours de votre maison, si je vous voyais enfin prendre ces goûts simples et honnêtes qui répandent sur toute la vie les charmes d'une douce et tranquille uniformité.

Commençons donc, je tâcherai d'être aussi simple, aussi clair que possible.

Prêtez-moi votre attention. Nous allons d'a-

bord étudier les végétaux et leur organisation,
il faut bien connaître ces êtres que vous voulez
élever, cultiver, voir prospérer sous votre main.

Ensuite, je vous parlerai des agents principaux de la végétation, de la terre, de l'eau, de
l'air, de la chaleur et de la lumière. Je vous
indiquerai les moyens de connaître, de choisir
et de modifier ces divers éléments.

Puis enfin nous passerons aux opérations
pratiques du jardinage, et c'est alors que j'en-
trerai dans quelques détails sur la manière de
labourer, de semer, de planter, d'arroser, de
soigner enfin toutes ces plantes, tous ces arbres
que le bon Dieu, dans sa grâce infinie, nous
a permis de multiplier et de connaître, non-
seulement pour l'utilité, mais aussi pour les
jouissances et les agréments de notre vie.

CHAPITRE PREMIER.

ORGANISATION DES VÉGÉTAUX.

PREMIÈRE LEÇON.

Les créatures qui couvrent la surface de notre terre, se divisent en trois grandes sections qu'on appelle règnes ; ainsi les animaux, en tête desquels marche l'homme, composent le règne animal.

Les minéraux parmi lesquels se trouvent les pierres et les métaux, comme le fer, l'or, l'argent composent le règne minéral.

Et les végétaux, c'est-à-dire les plantes et les arbres forment le règne végétal.

C'est de cette dernière catégorie que nous devons seulement nous occuper.

Un végétal est un être qui vit, qui respire, qui se nourrit, qui croît et se reproduit, mais il n'a pas le sentiment de son existence et le mouvement spontané, c'est-à-dire qu'il ne peut pas changer de place.

Il puise sa nourriture dans la terre ou dans l'eau, à l'aide d'organes souterrains et cachés qu'on appelle racines; il respire et absorbe l'air à l'aide d'organes extérieurs ou aériens; ce sont les tiges, les branches et les feuilles. Le point où finit la tige et où commencent les racines se trouve ordinairement à fleur de terre et se nomme Collet.

Les Racines.

Les racines sont des branches souterraines qui, comme des pompes aspirantes, sucent l'humidité de la terre ainsi que les sels qu'elle contient pour les porter à la tige principale; celle-ci les communique ensuite à toutes les parties supérieures de la plante, telles que les branches, les rameaux, les feuilles, etc. Les extrémités inférieures des racines s'appellent *spongioles* parce que leurs tissus fins et déliés s'imprègnent facilement de l'humidité de la terre et des substances dissoutes dans l'eau des arrosements.

Les racines quoiqu'elles aient à peu près toutes les mêmes fonctions, ne sont pas toujours de même forme. Tantôt elles s'enfoncent en terre comme un pivot, on les appelle alors *pivotantes*, voyez la carotte, le salsifis; tantôt elles se cramponnent au sol par des milliers de petits bras qui ressemblent à une chevelure, on les nomme *fibreuses* ou *chevelues*, voyez le froment, la laitue; si les fibres réunies en faisceau sont grosses et ressemblent à des fuseaux, on dit qu'elles sont *tubéreuses* ou *fusiformes*, comme celles des dalhias, des asphodelles, mais si aux filaments qui partent du collet sont attachées des masses de forme ronde plus ou moins régulières, vous les nommerez *tuberculeuses*, comme la pomme de terre ; dans quelques cas, les racines s'allongent horizontalement dans tous les sens, souvent même elles émettent à une certaine distance de la plante mère des bourgeons qui se développent et sortent de la terre sous la forme de rejetons, c'est ce qu'on appelle racines *traçantes*. Enfin quelquefois les racines chevelues naissent au-dessous d'un renflement charnu, composé de couches ou d'écailles succulentes, ce sont les plantes *bulbeuses*, comme l'ognon, l'ail, le porreau.

Le Créateur a donné aux racines une force naturelle qui les porte à s'enfoncer, à se diriger constamment vers le centre de la terre, tandis que les autres parties du végétal tendent sans cesse à s'élever vers les cieux.

La Tige.

La tige commence au collet, le plus souvent elle s'élève droite vers les cieux ;

quelquefois elle se ramifie et forme le buisson, d'autres fois enfin ne pouvant se soutenir dans une position verticale, elle retombe sur le sol et court en rampant sur la terre.

De là cette grande division en tiges *ligneuses*, *sous-ligneuses*, *herbacées*; ligneuses lorsqu'elles sont roides et dures comme du bois, sous-ligneuses lorsqu'elles sont d'abord molles, flexibles et qu'elles deviennent en vieillissant fermes, dures comme les précédentes; herbacées, quand elles sont sans force, sans consistance et qu'elles conservent leur couleur verte.

A ces trois genres on peut ajouter : 1° Les tiges *volubiles* qui s'enroulent autour des tuteurs, des arbres voisins ou des espaliers; la nature leur a donné à cet effet des mains et des vrilles à l'aide desquelles elles s'accrochent à tout ce qui les environne, voyez les liserons, les pois, etc. 2° Les tiges à *crampons*, qui, par le moyen de petites racines courtes et renforcées s'attachent au tronc des arbres, aux rochers, aux murailles, comme le lierre. 3° Les tiges *sarmenteuses* qui ne s'enroulent pas, mais qui s'attachent à l'aide de leurs mains, comme la vigne, la clématite, etc.

Enfin il est des plantes dont les feuilles sortent immédiatement du collet et n'ont aucune apparence de tige, on les nomme *acole*, mais le plus souvent à la suite des feuilles se montre une tige qui supporte les fleurs et les graines, c'est ce qui arrive dans le chou, les laitues, etc.

La structure intérieure des tiges a donné lieu à des études, à des observations fort intéressantes que je ne puis développer ici. Il vous suffira de savoir que le centre est un amas de petits canaux, de petits tuyaux qui, coupés transversalement et vus au microscope, ressemblent au réseau d'une dentelle; dans les tiges ligneuses le centre est occupé par le canal qui renferme la moëlle; ce qui entoure la moëlle reçoit plus particulièrement le nom de bois et l'on nomme aubier, cette partie plus blanche qui se voit facilement entre le bois et l'écorce.

L'écorce recouvre le tout ; elle se compose de quatre parties différentes : la plus extérieure se nomme *épiderme;* la seconde, en se dirigeant vers le centre, couche *subéreuse* ou *cortex;* la troisième, *enveloppe herbacée*, et la quatrième, *liber;* cette dernière est fibreuse et peut dans certaines plantes se filer comme le lin, le chanvre.

Vous verrez, plus tard, que lorsqu'on greffe un arbre il est important de bien connaître ces diverses parties de l'écorce, puisqu'il faut pour que l'opération réussisse qu'elles soient immédiatement et parfaitement appliquées les unes sur les autres.

Les Branches et les Feuilles.

La branche est une expansion de la tige, elle se montre sous la forme d'un bourgeon qui se développe, s'allonge et se garnit de

distance en distance de petits yeux, qui,
eux-mêmes produisent les rameaux et les
feuilles.

La branche étant un dérivé de la tige se
compose des mêmes éléments, elle a la
même organisation. Le rameau toujours her-
bacé dans sa jeunesse, devient une branche ;
mais la feuille a des fonctions spéciales et
par suite une structure, une organisation
particulière.

C'est par les feuilles que les végétaux respirent et transpirent, elles sont formées
par un assemblage de nervures, par une
espèce de charpente recouverte d'une mem-
brane quelquefois très-mince, d'autres fois
épaisse, lisse et coriace, tantôt elles adhèrent
immédiatement aux rameaux, tantôt elles
sont supportées par de petites tiges qu'on
appelle *pétioles;* leur surface extérieure est
criblée de petits trous ; ceux de la partie
supérieure laissent échapper les matières
devenues inutiles, ceux de la face inférieure
au contraire, aspirent l'air et l'humidité

atteindre le but suprême; la fécondation des semences et par suite la reproduction.

La fleur est ordinairement soutenue par un support auquel on donne le nom de *pédoncule*, la situation la forme et la direction de ces pédoncules, la manière dont ils sont attachés, groupés au sommet ou le long des rameaux constitue ce qu'on appelle l'*inflorescence*, chaque inflorescence reçoit un nom particulier d'après l'aspect général que présente la fleur.

Ainsi nous voyons : 1° le *chaton* comme dans le noisetier, le noyer, le peuplier, le bouleau etc.; 2° l'*épi* comme dans le seigle, le froment; 3° la *grappe* comme dans le groseiller, l'acacia; 4° le *tyrse* comme dans le marronnier d'Inde; 5° le *corymbe* comme dans le sureau; 6° l'*ombelle* comme dans la carotte, le cerfeuil.

L'ombelle dont les dispositions ressemblent un peu à celles du corymbe, diffère cependant en ce que les pédoncules, dans l'ombelle, partent tous du même point en s'écartant comme les branches d'un parasol, tandis que le corymbe est formé par l'extrémité d'un rameau qui se bifurque, se ramifie, et se termine par un nombre plus ou moins grand de pédoncules.

Il est un autre genre d'inflorescence que je dois vous signaler, la figue par exemple, sort spontanément sur les branches du figuier sans qu'elle ait été précédée d'une fleur quelconque.

C'est que la figue elle-même renferme les fleurs qui doivent produire la semence; ainsi quand vous mangez une figue, vous croquez cette multitude de petits pépins qui sont des graines, ces graines ont été produites par des fleurs qui étaient cachées, renfermées dans l'enveloppe que vous preniez pour le fruit.

Visitons maintenant les organes de la fleur elle-même.

Organes accessoires.

Le pédoncule se termine le plus souvent par une espèce de gaine ou enveloppe ver dâtre de laquelle s'échappent des feuilles colorées, la gaine ou enveloppe s'appelle *calice*, les petites feuilles prises séparément se nomment *pétales* et leur réunion forme ce qu'on est convenu d'appeler la *corolle*.

La corolle a pour but de garantir les organes de la fécondation dont nous allons parler dans un instant, c'est un premier rempart contre les intempéries et les animaux nuisibles, mais souvent elle serait trop faible surtout à sa base; le calice plus ferme, plus robuste, protège cette partie délicate en offrant une certaine résistance aux dangers du dehors.

Les dispositions de la corolle sont très-variées, essayons pourtant de les classer, divisons-les d'abord en deux grandes sections, les *monopétales* et les *polypétales*, les corolles monopétales sont celles qui sont formées d'un seul pétale, comme le liseron, la campanule, dans les corolles polypétales, on voit une réunion de plusieurs pétales libres et indépendants les uns des autres comme dans la rose, l'œillet, etc.

Subdivisons maintenant :

Les monopétales comprennent :

1° Les *campanulées* en forme de cloche voyez les campanules ;

2° Les *infundibuliformes* en forme d'entonnoir, voyez le lizeron ;

3° Les *corolles en roue* comme la pomme de terre ;

4° Les *tubulées*, fleurs en tube ou tuyau comme celles du tabac ;

5° Les *labiées* qui ont des lèvres, comme la sauge, la lavande ;

6° Les *personnées* qui représentent le masque d'une personne ou d'un animal ; la gueule de lion, les *orchidées* sont dans cette catégorie.

Parmi les polypétales on distingue :

1° Les *crucifères*, ayant quatre pétales réguliers disposés en croix ; le chou, le navet, la giroflée ;

2° Les *rosacées* qui ont cinq pétales

larges, arrondis et disposés comme dans la rose simple, le pommier, le poirier, etc.

3° les *papillonnacées* qui affectent la forme d'un papillon, voyez les pois, les haricots, l'acacia ; elles se composent de cinq pétales irréguliers ; le supérieur se nomme *pavillon*, les deux latéraux portent le nom d'*ailes* et les inférieurs s'appellent *carène ;*

4° Les *composées :* elles sont formées de petits fleurons tubulés complets et réguliers réunis dans le même calice comme le chardon, le bluet ; quelquefois ces fleurons ne sont pas complets, on les appelle alors demi-fleurons, on en trouve de cette sorte dans la chicorée, la laitue ;

5° Enfin les radiées, lorsque sur le même réceptacle on trouve des fleurons et des demi-fleurons les premiers au centre, et les seconds à la circonférence de la fleur, comme dans les marguerites, les tournesols, etc.

Les fleurons ont leurs organes complets,

les demi-fleurons n'ont que des pistils, on voit quelquefois les fleurons du centre se développer et se colorer comme les demi-fleurons; on dit alors que la fleur est double comme dans les marguerites reines, les dalhias, etc.

Organes essentiels.

Prenons une fleur de lys commun et dépouillons là de ses six pétales blancs, que nous reste-t-il? Le pédoncule, au sommet duquel nous voyons un renflement de couleur verte, c'est l'*ovaire*, au-dessus de l'ovaire s'élève une petite tige qui se termine elle même par un second renflement c'est le *pistil*, la tige se nomme *style*, et le petit renflement *stigmate*, autour du pistil vous remarquez plusieurs filets minces et flexibles qui supportent de petites masses jaunâtres de la grosseur et de la forme d'un grain de blé, ce sont les *étamines*, les filets s'appellent *supports*, les masses jaunâtres s'appellent *anthères*, si vous approchez ces masses de votre nez, elles y aisseront une poussière jaune qui a reçu le nom de *pollen*.

Je vous cite le lis parce que dans cette fleur les parties que je viens de vous indiquer y sont plus grosses et plus faciles à distinguer. Vous trouverez partout le même système mais il y aura de grandes différences dans le nombre, la forme et la situation des organes; les étamines seront quelquefois très-nombreuses tantôt soudées à l'ovaire, tantôt attachées à la corolle, le plus souvent l'ovaire sera renfermé dans le calice comme dans la prune, la cerise, quelquefois cependant il se trouvera placé en●dehors et au-dessous de ce calice comme dans la poire, le rosier, etc.

Enfin vous trouverez sur certaines plantes des fleurs qui n'ont que des pistils et des fleurs qui n'ont que des étamines, on dit que les premières sont des femelles, les secondes des mâles; les plantes qui portent ainsi sur le même pied les fleurs femelles et les fleurs mâles, se nomment *monoïques*, voyez les citrouilles et les concombres; il est des végétaux qui ne portent sur un pied que des fleurs mâles, tandis que les fleurs femelles se trouvent exclusivement sur un autre pied de même espèce; ce sont les plantes *dioïques*, le chanvre, le laurier franc, sont dans cette catégorie.

Quant aux plantes dont les fleurs sont complètes, c'est-à-dire, qui ont des pistils et des étamines, on les nomme *hermaphrodites*, c'est-à-dire, qui ont les deux sexes.

La Fécondation.

Lorsque la fleur est épanouie, la chaleur agissant sur les anthères les fait ouvrir, il s'en échappe une poussière jaune à laquelle nous avons déjà donné le nom de pollen, cette poussière se répand sur le stigmate dont le tissu est toujours humide, chaque grain de pollen renferme lui-même une liqueur qui, ramollie par l'humidité du stigmate, se répand et coule tous le long du style jusque sur l'ovaire qu'elle féconde en lui communiquant la faculté germinative.

Quelquefois le pistil est plus long que les étamines et les dépasse de plusieurs milli-mètres ; comment alors le stigmate plus élevé que les anthères pourra-t-il recevoir leur poussière fécondante? Ne soyez pas inquiets ; l'habile ouvrier qui dispose tous ces organes a bien su applanir toutes les difficultés ; dans ce cas, en effet, la fleur, au lieu d'être tournée vers le ciel se penche presque toujours du côté de la terre, et par ce moyen le pollen retombe comme une pluie légère sur le stigmate. Il arrive encore que quand les étamines sont trop éloignées des pistils, ceux-ci s'infléchissent vers les premières et se redressent dès que les an-thères se sont ouvertes.

Pour les végétaux monoïques et dioïques, pour ces plantes immobiles et séparées quelquefois par de grandes distances, on admet généralement que le vent et les insectes sont chargés de porter sur les fleurs femelles ou pistillaires, le pollen des fleurs mâles ou staminaires.

Les savants ont émis sur ce point des opinions diverses, des conjectures plus ou moins vraisemblables, que je me garderai bien de développer ici. Je veux éviter surtout de surcharger votre mémoire.

Prenez pour certain que la puissance divine a tout prévu et que son but est toujours atteint. Voyez les melons, les lauriers, le chanvre; ils portent des fruits et des graines; pourtant les fleurs femelles des uns quoique sur le même pied, sont entièrement séparées des fleurs mâles; le pollen des autres est obligé le plus souvent de faire un long voyage dans les airs pour arriver sur le stigmate qu'il doit féconder.

L'homme a saisi ces indications, il a tâché d'imiter la nature en répandant sur les fleurs dont il espérait changer la couleur ou la forme, le pollen d'une autre fleur, il a réussi. Il a ainsi obtenu les nombreuses variétés de plantes que vous voyez surgir chaque jour et dont le commerce tire un si grand parti : c'est ce qu'on appelle la fécondation artificielle.

TROISIÈME LEÇON.

Le Fruit et la Graine.

Aussitôt que le grand acte de la fécondation est accompli , la corolle se fanne et tombe en lambeaux , l'ovaire grossit, les embrions qu'il renferme se développent, le fruit mûrit, et ces embrions, qui ne sont autre chose que les graines, ont alors acquis les qualités nécessaires pour la germination.

Le fruit renferme toujours la semence ; c'est une enveloppe tantôt sèche, tantôt charnue, quelquefois coriace, quelquefois molle et succulente, dont la forme varie tellement qu'il serait très-difficile d'en faire le classement et la description. Pour les fruits qui se mangent et que nous cultivons, on admet généralement une division en deux classes, les fruits à *pépins* et les fruits à *noyaux*. Lorsqu'au centre de la chair, ou de l'enveloppe plus ou moins épaisse d'un fruit on trouve un noyau ligneux, renfermant une petite amande, on peut dire : voici le fruit à noyau, quand on découvre au contraire au milieu d'une masse succulente plusieurs grains recouverts d'une enveloppe mince, on dit voilà le fruit à pépins, ainsi la cerise, la prune, la noix, l'amande, sont des fruits à noyaux ; la poire, la pomme, le raisin sont des fruits à pépins.

La semence renferme seule les vertus germinatives, ces vertus se conservent plus ou moins longtemps, un an seulement chez quelques-unes ; dix, vingt, trente et cent ans chez quelques autres.

Par ses travaux et son expérience, l'homme a su apprécier ces différences ;

nous en dirons un mot quand nous parlerons de la conservation des graines et de la manière de les semer.

Quant aux semis naturels, quant à la dispersion de toutes les graines sur la terre, admirez encore avec moi cette puissance divine, dont la prévoyance et la bonté se retrouvent dans chaque brin d'herbe, dans l'insecte le plus imperceptible comme dans la créature la plus noble et la plus parfaite.

C'est ici que s'expliquent toutes ces formes, toutes ces différences, dont au premier coup d'œil nous n'apercevons pas le but et l'utilité.

On conçoit en effet que ces fleurs, ces fruits et ces graines, abandonnant au moment de leur maturité l'arbre ou la plante qui les ont produits, ne pourraient germer et croître dans le petit espace où leur chute les rassemble; il faut donc qu'ils aillent chercher ailleurs un lieu favorable pour leur développement.

Eh bien ! tout a été prévu :

Chaque semence a reçu son moyen de

locomotion. Les unes ont des ailes, comme l'érable, le frêne, ou des aigrettes plumeuses comme le pissenlit, la laitue, et s'élèvent dans les airs de manière à franchir les montagnes.

Les autres sont renfermées dans des enveloppes imperméables et voguent sur les eaux ; la noix, l'amande, le coco, traversent les fleuves, les mers et sont déposés sur les côtes où ils germent et s'établissent au moyen de leurs puissantes racines.

Les fruits qui sont trop lourds pour être dispersés par les vents ou pour nager sur les eaux sont transportés par les quadrupèdes et les oiseaux, tels sont les poires, les pommes, les marrons, les glands, les noyaux de cerise que le merle avale et dépose sur le sol sans avoir pu les digérer.

Enfin, il est quelques plantes qui n'ont besoin d'aucun secours pour jeter au loin leurs graines ; voyez la balsamine, comme elle fait voler au loin les siennes quand une main indiscrète touche la capsule qui les contient, ou que le soleil a suffisamment mûri les parois de leur enveloppe.

La Germination.

Lorsqu'une semence, parvenue à l'état de maturité est placée dans des conditions favorables, elle se gonfle, rompt ses enveloppes, et laisse échapper d'un côté la racine que l'on nomme radicule et qui ne tarde pas à s'enfoncer dans le sol, de l'autre une petite tige qui prend le nom de *gémule* et qui tend à se diriger vers la région de l'air et de la lumière, c'est ce qu'on appelle la germination.

La chaleur et l'humidité peuvent seules faire gonfler et germer des graines ; mettez dans un vase des fèves, des haricots, du millet, mouillez un peu et placez le vase dans un endroit chaud, au bout de quatre à cinq jours toutes les radicules seront sorties ; mais pour les faire passer de l'état de germination à l'état de végétation, c'est-à-dire, pour que toutes ces graines, ainsi germées, deviennent des végétaux complets, une troisième condition est presque toujours nécessaire : il faut quelles soient déposées dans une terre convenablement préparée. C'est alors seulement que la radicule grossit, s'enfonce et devient racine, c'est alors que les deux premières feuilles de la gémule, qui sont appelées *cotylédons*, se fortifient, nourrissent cette gémule qui s'élance, pousse des feuilles, des rameaux, des branches et devient une plante parfaite.

J'ai dit que la terre était presque toujours nécessaire ; je n'ai pas dit toujours, car nous avons de nombreux exemples de végétation, même de floraison sans le secours de la terre, la jacinthe placée sur le goulot d'une carafe pleine d'eau pousse et donne des fleurs, le blé, le mil, etc., végètent assez longtemps sur un plateau dont on entretient la surface humide ; enfin ces plantes qui vivent sur les pierres, sur le tronc des arbres, sur le marbre même, accomplissent leur végétation et fructifient sans le secours d'aucune terre, sans la moindre parcelle de terreau.

Un mot ici pour prévenir une confusion :

On dit quelquefois que les oignons sont germés, que les pommes de terre sont germées, cette expression n'est pas juste, c'est dans ce cas un réveil de la végétation et non une germination ; le tubercule de la pomme de terre, la bulbe des oignons, des navets, des carottes ne sont pas des graines, ce sont des racines dans le sein desquelles la végétation se retire, s'endort et se réveille quand elle sent, elle aussi, l'influence de la chaleur et de l'humidité ; il n'y a plus dans ce cas de radicule, de cotylédon, de gémule, on ne voit qu'un bourgeon qui se développe, que des racines qui poussent et s'allongent quand elles trouvent un aliment propre à leur nourriture.

Voyons maintenant ce que c'est qu'une gémule, ce que c'est qu'un cotylédon.

La gémule est cette petite tige herbacée qui s'élance hors de la terre, accompagnée dans certains cas d'une ou deux feuilles d'une nature particulière et terminée par un petit œil qui se développe rapidement pour produire des rameaux, des branches, etc.

Ces petites feuilles, d'une nature particulière, sont les cotylédons, elles sont produites par l'embrion ou l'amende de la graine qui se partage et suit la gémule pour la protéger jusqu'à son entier développement sous la forme et la couleur de deux feuilles le plus souvent ovales ou rondes.

Dans quelques cas la gémule se développe au-dessus du cotylédon et sort sous la forme d'une seule feuille ; alors l'amende ne se divise pas, reste dans la terre et ne quitte point le collet de la racine.

Enfin il est des végétaux qui sont privés de cotylédons et qui naissent sous des formes diverses comme les champignons, les fucus, et toutes les cryptogames.

De ces diverses observations est encore née une classification qu'il faut bien retenir. Les plantes *dycotylédonées* qui ont deux cotylédons, les *monocotylédonées* qui n'ont qu'un cotylédon et les *acotylédonées* qui n'ont pas de cotylédon.

On trouve aussi quelques végétaux qui naissent avec plus de deux cotylédons, comme le cyprès, les pins, etc., on pourrait les appeler *polycotylédonées*.

CHAPITRE II.

QUATRIÈME LEÇON.

L'Air, la Chaleur et la Lumière.

Vous savez déjà que les végétaux sont des êtres qui vivent et respirent; dès-lors ils ont besoin d'air.

On entend par air cette enveloppe invisible, impalpable qui environne la terre et que nous respirons nous-mêmes comme tous les êtres organisés.

L'air se compose de plusieurs parties qui se trouvent ordinairement mélangées; mais que l'homme, à force d'études et d'expériences, est parvenu à reconnaître et à diviser.

Ainsi on trouve dans l'air qui nous entoure: 1° du gaz oxigène, 2° du gaz hydrogène ou vapeur d'eau, 3° du gaz acide carbonique, 4° du gaz azote qu'on appelait autrefois air méfitique.

L'oxigène est le plus pur ; néanmoins, s'il était seul dans l'air l'homme ne pourrait le respirer longtemps sans mourir ; les végétaux l'absorbent par les feuilles pendant la nuit et rejettent ce qu'elles ont de trop pendant le jour.

L'hydrogène n'est autre chose que la vapeur d'eau ; il est fort utile pour donner à l'air l'élasticité, l'humidité nécessaire.

Il est facile de démontrer sa présence, lorsque dans un appartement chauffé, cette vapeur se condense le long des vitres et retombe en véritables gouttes d'eau.

Le gaz acide carbonique est celui que les plantes absorbent plus particulièrement pendant le jour, et qui, décomposé par la chaleur du soleil, se fixe en partie dans les feuilles et produit la couleur verte ; ce qui n'a pas été fixé s'exhale pendant la nuit.

Il est plus lourd que les autres gaz et se

trouve ainsi presque toujours amoncelé dans les lieux bas.

L'azote est un gaz nuisible à l'homme; il s'échappe de toutes les matières en décomposition, et sa présence est revelée par une odeur fétide. Les feuilles des plantes ne l'absorbent point directement dans l'air, elles n'en respirent seulement que quelques portions combinées avec la vapeur d'eau; mais elles reçoivent ce gaz par les racines lorsqu'il est combiné et contenu dans les engrais qu'on répand sur la terre.

Pour conserver aux plantes cultivées, soit en pleine terre, soit en pots, une santé parfaite, une végétation vigoureuse, il est donc utile qu'elles soient placées dans un lieu sain, aéré, de manière à ce qu'elles puissent absorber un air pur et abondant.

Il faut encore que cet air leur arrive de tous côtés et sans trouver d'obstacle; c'est pourquoi dans un jardin, on doit planter les arbres de manière à ce que l'air puisse circuler librement entre les branches et les feuilles. C'est pour cela qu'on doit espacer les plants de légumes; car lorsqu'ils se touchent, ils sont bientôt privés d'air, surchargés d'humidité, jaunissent, s'étiolent et végètent mal.

C'est encore pour cela que les plantes ne peuvent vivre longtemps en bonne santé dans des appartements fermés et surtout dans des chambres habitées; l'air ne s'y renouvelle pas assez souvent. L'homme absorbant la plus grande partie d'oxigène et ne rendant que de l'acide carbonique, il y a excès de ce dernier gaz, absence presque totale d'oxigène et dès-lors l'équilibre se trouve rompu.

Autre inconvénient :

La poussière soulevée par les pas et les balayages, retombe sur les feuilles et bientôt ces petits trous, dont nous avons déjà parlé, se trouvent bouchés, l'expiration n'a plus lieu.

On peut, il est vrai, atténuer ces fâcheux effets en ouvrant souvent, en mettant les plantes à l'air pendant la nuit, et en lavant les feuilles avec de l'eau propre.

La chaleur est avec l'air et l'humidité un agent très-puissant pour la végétation; elle vient du soleil, se manifeste dans toutes les directions et nous arrive toujours en ligne droite sous la forme de rayons lumineux. Ces rayons ont la propriété d'échauffer la terre, de la pénétrer; ils ont même assez de force pour traverser certains corps minces ou transparents, tels que les métaux, le verre, etc.

Tous les végétaux n'ont pas besoin pour croître du même degré de chaleur; les uns poussent au grand soleil, les autres aiment à se trouver à l'ombre, quelques-uns naissent et vivent dans les sables brûlants des pays les plus chauds, on en trouve aussi dans les contrées du nord et jusque sous les glaces de nos îles polaires; celui qui veut cultiver toutes ces plantes diverses est donc obligé d'étudier leurs goûts, leurs habitudes, et ce n'est pas là une des moindres difficultés du jardinage.

La chaleur se propage quelquefois par

réflexion, c'est-à-dire que quand les rayons du soleil frappent sur un mur par exemple, ils sont renvoyés, réfléchis immédiatement et leur force est doublée; si donc un arbuste aime la chaleur modérée, ne le mettez pas le long d'un mur ou d'un abri, car il y brûlerait, c'est le grand air qu'il lui faut, c'est une chaleur uniformément répandue et toujours modifiée par l'action de l'air; de même lorsqu'on vous désigne une plante comme se plaisant à l'ombre, ne la mettez pas sous un épais feuillage que l'air et le soleil ne peuvent traverser, choisissez un endroit aéré, sous de grands arbres, par exemple, dont les branches élevées ne font que briser les rayons de l'astre du jour.

La chaleur artificielle peut quelquefois remplacer la chaleur du soleil, ainsi au moyen du fumier que l'on entasse et que l'on met en fermentation, on peut activer la germination et la végétation des plantes, on peut aussi dans les serres produire une température très-élevée à l'aide d'appareils chauffés par le bois ou par le charbon.

Pour chaque espèce de plante il est un point extrême de chaleur au-dessus duquel elles ne peuvent résister; il est également un point extrême de refroidissement au-dessous duquel elles périssent; ces deux points s'appellent le *maximum* et le *minimum*, tous les points intermédiaires se nomment degrés et peuvent être appréciés au moyen d'un instrument qui est le thermomètre.

La lumière vient aussi du soleil et, comme la chaleur, elle se propage en ligne droite dans toutes les directions.

Elle a pour effet, comme nous l'avons déjà dit, de décomposer l'acide carbonique, de fixer le carbonne dans le tissu des feuilles et des tiges et de produire ainsi la couleur verte.

On peut aisément fournir la preuve de ce phénomène : si vous liez une romaine, une chicorée, si vous couvrez de paille un liétron, la végétation continue sous cet abri, mais au bout de quelque temps les feuilles, privées de lumière, auront perdu la couleur verte et seront d'un blanc jaunâtre.

La lumière possède en outre une puissance d'attraction, c'est-à-dire que les plantes en végétation tournent toujours vers elle leurs feuilles, leurs rameaux et leurs fleurs, voyez le tournesol, les pensées, l'héliotrope, etc.; voyez encore, dans une serre, la direction des rameaux ; voyez enfin dans une cave, les pousses des pommes de terre, des oignons, des racines, se pencher vers l'étroite ouverture par où s'introduit la lumière.

Il résulte de tout cela que les végétaux recherchent avec avidité l'air, la chaleur et la lumière.

CINQUIÈME LEÇON.

L'Eau.

L'eau répandue dans toute la nature porte aux plantes comme aux animaux la

vie et la santé; elle est composée d'hydrogène et d'oxigène et peut se présenter à
nos yeux sous trois aspects différents.

Soumise à une température ordinaire et
modérée, elle reste à l'état liquide et ne se
vaporise qu'insensiblement; mais plus la
température s'échauffe, plus elle tend à se
vaporiser, dès lors elle passe à l'état gazeux,
s'élève en vapeur, puis lorsque l'air se
refroidit, ces vapeurs retombent en pluies
bienfaisantes.

Enfin, si la température devient plus
froide, l'eau prend la forme d'un corps
solide qu'on appelle glace; dans cet état elle
est un obstacle pour la puissance végétale,
mais elle en est au contraire l'agent le plus
indispensable quand elle est à l'état liquide.

On conçoit dès lors qu'on ne peut entreprendre la culture d'un jardin sans avoir à
sa disposition un réservoir, une source, un
ruisseau, dans lesquels on puisse à chaque
instant puiser cet agent si utile pour les
arbres et pour les plantes.

Mais ces eaux, dont la base sera toujours l'hydrogène et l'oxigène, n'auront pas toujours les mêmes propriétés; car elles dissolvent et entraînent avec elles une partie des corps à travers lesquels elles s'infiltrent et, dès lors, leur action sur les végétaux devient différente, suivant qu'elles sont plus ou moins chargées de parties étrangères.

Quelles sont donc les meilleures pour l'arrosement des jardins?

L'eau de pluie est certainement celle qui renferme le moins de sels et de corps organiques, mais elle s'est imprégnée dans l'atmosphère de principes gazeux qui la rendent légère et très-favorable à la végétation. On la considère comme la meilleure pour arroser, surtout lorsqu'elle a coulé sur la terre avant d'être recueillie, parce qu'alors elle est chargée d'une certaine quantité de matières ou résidus qui s'y décomposent et qui augmentent ses qualités végétatives.

Les eaux courantes sont généralement bonnes, parce qu'elles ont eu le temps d'absorber l'oxigène et l'acide carbonique; que, de plus, elles ont ramassé sur leur passage des détritus de toute espèce.

Les eaux stagnantes et corrompues sont bonnes pour les gros légumes dont on ne mange pas les feuilles et qui ont besoin d'une nourriture très-substantielle; mais elles ont une odeur fétide qui les rend dégoûtantes et qui peut donner un mauvais goût aux végétaux délicats dont on mange la feuille ou la racine encore tendre comme la laitue, les petits radis, etc.

L'eau de source est celle qui sort spontanément de la terre pour former une fontaine ou un petit ruisseau. Mais comme elle a coulé pendant un certain temps dans le sein de la terre avant de trouver une issue à la surface du sol, elle est imprégnée de divers sels, de diverses substances minérales, les unes favorables, les autres contraires à la végétation.

Ainsi les eaux qui coulent sur le granit sont froides, mais elles ne contiennent aucuns sels nuisibles, on doit les exposer à l'air avant de s'en servir afin de les réchauffer.

Celles qui traversent des couches calcaires sont fortement souillées de sels de chaux, de carbonate ou d'oxide de fer, elles sont moins favorables, quelquefois même elles sont nuisibles. Il serait prudent de s'assurer de leurs qualités en les faisant analyser.

Si l'analyse vous révèle la présence des sulfates de fer, tâchez de vous procurer un autre liquide pour arroser. Si au contraire on vous signale les sels alcalins ou amoniacaux, vous pouvez arroser sans crainte; car ces substances sont de très-bons stimulants pour la végétation.

L'eau de puits est toujours la moins bonne, parce qu'elle réunit tous les défauts de l'eau de fontaine ou de ruisseau et qu'en outre elle est toujours très-froide et privée d'oxigène, malheureusement elle est la plus commune et la plus généralement employée. Il faut du moins avant de s'en servir, la laisser séjourner dans des réservoirs, afin qu'elle puisse se réchauffer et se charger des gaz contenus dans l'atmosphère.

Voyons maintenant comment l'eau peut agir sur le mécanisme de la végétation.

Les végétaux pour se nourrir, s'assimilent une partie des substances solides, liquides ou gazeuses répandues dans le sein de la terre ou contenues dans l'atmosphère. L'absorption de ces substances a lieu soit par les spongioles, soit par les feuilles; l'eau pure ne forme pas seule la base de cette alimentation; mais comme nous l'avons déjà vu, elle sert à dissoudre les matières qui doivent être assimilées; le liquide introduit par l'extrémité des racines, monte et se répand dans le végétal jusqu'au sommet des tiges et des feuilles par lesquelles elle s'évapore; si l'évaporation est plus forte que la suscion, la plante se fanne et demande de l'eau. Ainsi quand la terre est sèche et que le soleil darde ses rayons sur un végétal, nous voyons ses feuilles se pencher, c'est que dans ce cas l'humidité a manqué aux racines, tandis que l'évaporation par les feuilles a été trop forte, l'équilibre a été rompu ; mais aussitôt qu'il est rétabli par un arrosement, le végétal reprend la vie et la santé.

De là naît la nécessité des arrosements.

On peut arroser de diverses manières.

Quand l'eau se trouve au niveau de la surface du sol, il est facile, surtout dans les grandes cultures, de pratiquer des rigoles et de faire courir l'eau à travers les planches et les carrés d'un jardin ; c'est ce qu'on appelle irrigation.

Le plus souvent néanmoins on répand l'eau dans les jardins après l'avoir puisée dans des arrosoirs, d'où elle s'échappe par un tuyau terminé par une pomme percée de petits trous ; on produit alors sur le terrain au-dessus de la plante l'effet de la pluie, quelquefois aussi on verse l'eau immédiatement au pied de la plante en ayant soin d'ôter préalablement la pomme de l'arrosoir.

Nous reviendrons sur tout cela quand nous en serons à la pratique.

SIXIÈME LEÇON.

La Terre.

Sachez-le bien, mes enfants, la terre est la nourriture du genre humain ; c'est de son sein que s'écoulent sans cesse les moissons, les fruits, les produits de mille sortes avec lesquels l'homme se nourrit, s'enrichit. Mais après la chute de notre père commun, Dieu ne permit plus de recueillir sans peine tous ces trésors. Il condamna l'homme déchu à creuser chaque jour un pénible sillon pour y déposer des semences qu'il arrose de ses sueurs et qu'il ne peut récolter qu'après bien des peines.

Abandonnez la terre, négligez de la soigner, de la cultiver, elle sera stérile : c'est la disette, la famine, les calamités de toute nature. Vous le voyez, le métier de laboureur est le plus honorable, le plus important de tous les métiers ; c'est ce qu'on appelle l'agriculture. Le jardinage, qui n'est que l'agriculture autour de la maison, délasse l'homme des champs de ses plus rudes travaux ; il le distrait et lui fournit des légumes, des fruits pour se nourrir, des fleurs même pour orner son habitation champêtre. Donc la terre est le fondement de l'agriculture, elle est aussi le fondement du jardinage, le milieu nécessaire, indispensable pour toute espèce de végétation ; mais elle n'est pas toujours composée des mêmes éléments, des mêmes matières. Donc encore il faut étudier et connaître les diverses parties de ce tout que vous voyez dans vos jardins et que vous appelez la terre.

En horticulture nous connaissons quatre espèces de terre, savoir : la terre *argileuse* ou alumine, la terre *sableuse* ou silice, la terre *crayeuse* ou calcaire, la terre *végétale* ou l'humus.

Tout sol cultivable peut contenir ces quatre éléments : ce sont leurs diverses proportions qui rendent nos jardins plus ou moins fertiles ; il faut par conséquent les considérer d'abord séparément pour apprécier ensuite leurs divers mélanges.

L'argile ou terre argileuse contient ordinairement de l'oxide de fer, elle sert de base à l'alum, c'est pourquoi on l'appelle alumine, elle est molle, douce au toucher, retient l'eau, se pétrit et prend toutes les formes qu'on veut lui donner ; elle se durcit en séchant, et si on l'expose au feu, elle prend la solidité de la pierre. C'est ce qu'on appelle vulgairement terre glaise, on s'en sert pour faire la tuile, les carreaux, les pots, etc.

Les végétaux vivent mal dans cette terre,

leurs racines ne peuvent s'y étendre convenablement ; puis si la sécheresse arrive, l'argile se fend, et dans ses contractions, les jeunes racines sont déchirées, la tige est comprimée à son collet, elle languit et finit par mourir. Si au contraire les pluies surviennent, le sol la reçoit, la conserve comme un bassin, les racines pourrissent, se décomposent, et la plante périt dans cette humidité stagnante.

La terre sableuse ou silice se compose des détritus du silex ou sable pur, elle est stérile, l'eau passe à travers ce triste sol comme à travers un crible sans lui laisser d'humidité. La chaleur au contraire s'y concentre et les végétaux y brûlent promptement.

La terre calcaire a pour base le carbonate de chaux ; elle est rarement pure, on la trouve le plus souvent mêlée avec du sable et un peu d'argile, elle contient aussi des sels d'amoniac qui la rendent très-utile pour amender des terres froides et trop argileuses ; de même qu'en mêlant avec intelligence l'argile au calcaire, on peut obtenir un sol riche et fertile.

La terre végétale ou l'humus est cette couche plus ou moins épaisse qui recouvre le plus souvent les autres couches de notre sol. Elle est formée par les détritus des végétaux, par les excréments et les débris des animaux, lorsqu'ils ont subi tous les degrés de la décomposition : elle est spongieuse, légère, riche en substances propres à la nourriture des végétaux, et réunit toutes les qualités d'une terre fertile.

Néanmoins si elle était seule, les grands arbres ne sauraient y vivre longtemps, parce qu'ils ne pourraient pas s'y cramponner assez fortement pour résister aux ouragans et aux tempêtes.

Il suit de tout cela que l'argile, le sable et le calcaire purs sont incapables de fournir une bonne végétation, que l'humus au contraire est trop fertile, et que c'est par le mélange de ces quatre agents principaux, en des proportions convenables, que nous

Les engrais sont purement végétaux, comme les feuilles pourries, la tannée, etc., ou purement animaux comme la colombine, le noir animal, le guano, etc.

Enfin ils sont composés des deux premiers comme le fumier ordinaire, qui n'est autre chose que de la paille ou de l'herbe imprégnée des excréments et de l'urine des animaux.

Le fumier ne produit pas toujours les mêmes effets ; celui de cheval, de mulet, de brebis est chaud, léger. Il convient surtout aux terres froides, humides et compactes ; celui du bœuf, plus lourd, plus gras, est fort utile dans les terrains sableux ou pierreux pour leur donner la cohérence et la fraîcheur dont ils ont besoin pendant les chaleurs de l'été.

Enfin on donne le nom de stimulants à des substances qui ne servent ni pour amender, ni pour engraisser le sol, mais qui se répandent seulement sur les plantes pour en activer [la végétation ; les principaux stimulants sont les cendres et le plâtre cru réduit en poudre. On ne les emploie guère que dans les grandes cultures. Ils sont inutiles et quelquefois nuisibles pour le jardinage.

Indépendamment des amendements et des engrais, il faut encore donner au sol de fréquents labours, afin de l'ameublir et de le rendre plus accessible à la chaleur ainsi qu'à l'humidité.

Les Labours.

Je vous le disais tout à l'heure, mes amis, l'homme après sa première faute fut condamné à se nourrir de son travail ; c'est la condition générale. Aussi la terre la plus fertile ne produit-elle rien, si vous ne la remuez en tous sens, si vous ne la retournez souvent pour la diviser et l'ameublir.

Vous vous rappelez, sans doute, ce père de famille qui, sentant sa fin prochaine, fit venir ses enfants et leur dit : Un trésor est caché dans le champ que je vous laisse ;

4*

fouillez, travaillez, prenez de la peine et vous le découvrirez sûrement. Le bonhomme disait vrai ; ce champ bien remué, bien labouré, fut pour les enfants, un trésor inépuisable de riches moissons.

Les labours rendent la terre légère, ils permettent à la chaleur et à l'humidité de la pénétrer plus profondément, le dessus du terrain, chauffé par le soleil, se trouve mis dessous et communique sa bienfaisante chaleur aux racines des plantes.

Les labours ont encore d'autres avantages ; la couche inférieure de la terre étant toujours plus chargée de sels que la couche supérieure, ces sels, qui tendent constamment à s'enfoncer dans le sol, seront ramenés à la surface et pénétreront doucement jusqu'aux spongioles qu'ils fertiliseront ; ils aideront ainsi puissamment à nourrir le végétal. Les labours détruisent aussi les mauvaises herbes, qui, se trouvant enterrées, pourrissent et servent d'engrais à la terre.

Toutes les terres ne demandent pas à être labourées à la même époque. Un sol léger doit être retourné avant l'hiver, pour que les pluies et les neiges le pénétrent profondément et lui procurent l'humidité dont il est privé.

On ne doit toucher à ces sortes de terres, pendant l'été, que par un temps sec ; il faut les mouiller après l'opération, afin d'en rapprocher les parties et de rendre moins prompte l'évaporation de l'humidité.

Les terres fortes, au contraire, demandent un léger labour à la fin d'octobre, pour les dresser et faire périr les mauvaises herbes. Au printemps, par un temps sec, il faut les remuer profondément pour les rompre, les diviser et faire évaporer l'humidité trop abondante.

Binez très-souvent, afin de prévenir les gerçures qui laissent pénétrer la chaleur jusqu'aux racines des plantes et les dessèchent.

Ne confondez pas les labours avec les binages; ces derniers sont très-utiles en été pour ameublir la surface, couper les herbes qui altèrent la terre, pour donner enfin un libre passage à l'eau des pluies et des arrosements.

Vous labourerez toujours avec précaution au pied des arbustes et des jeunes arbres, de peur que les racines ne soient blessées par la bèche. Il est très-important aussi de ne pas labourer autour des plantes tendres et délicates, lorsque les nuits et les matinées du printemps sont encore froides, parce que les terres ouvertes par les labours laissent échapper beaucoup plus de vapeur que celle dont la surface est ferme; les tiges et les feuilles, attendries par ces vapeurs, seraient brûlées par la plus petite gelée blanche.

SEPTIÈME LEÇON.
Le Jardin potager.

On ne choisit pas toujours l'emplacement du jardin que l'on se propose de cultiver.

Les raisons de convenance, la proximité de l'habitation, l'exposition, l'étendue, nous forcent souvent à établir nos plantations dans un sol où la nature n'a pas convenablement opéré le mélange des diverses espèces de terre dont nous avons déjà parlé.

La main de l'homme doit y suppléer par le moyen des amendements et des engrais.

Voici, du reste, les principales conditions pour l'établissement du jardin à légumes :

1° Que la couche cultivable soit assez profonde et qu'elle repose sur un sol perméable ;

2° Que le terrain soit exposé et légèrement incliné au sud ; une surface entièrement plate est également bonne, pourvu qu'elle soit abritée du nord et de l'ouest par des haies, des arbres, des murs, des habitations, etc.

Si les circonstances vous forcent à cultiver un jardin déjà créé et mal disposé, vous devrez combattre l'inconvénient des mauvaises expositions par l'emploi des côtières, des palissades, des abris, et la stérilité du sol par l'addition de fumiers, de terreaux et autres amendements ou engrais.

Surtout n'oubliez pas qu'il faut de l'eau ; ne songez pas à planter des légumes, si vous n'avez à votre portée cet élément si nécessaire pour toute espèce de végétation.

Votre terrain une fois trouvé, la distribution est simple et presque toujours régulière ; en effet, la forme la plus ordinaire est le carré plus ou moins allongé. Les allées, sans envahir trop de terrain, devront néanmoins être assez larges pour qu'on puisse facilement y passer avec une civière ou une brouette. Il importe que les carrés soient abordables dans tous les sens, pour l'arrivage des engrais et l'enlèvement des produits.

Quant à la direction de ces allées, le plus souvent on leur donnera la forme d'une croix, de manière à diviser le jardin en quatre parties; puis on subdivisera ces quatre parties en carrés égaux, à l'aide de passe-pieds plus ou moins larges, suivant l'importance et l'étendue du terrain. Le long des murs on ménagera des plate-bandes, très-utiles pour recevoir les plants de laitues, les haricots, les fèves et les pois de primeur.

Dans l'intérieur des carrés, on dressera des planches qui devront, autant que possible, être dirigées de l'est à l'ouest; cette disposition vous permettra d'abriter au besoin chaque planche, à l'aide de paillassons soutenus par des piquets et faisant face au sud, pour préserver vos semis de printemps et autres cultures délicates.

Vous assignerez aussi une place à part, pour les plantes qui font attendre leurs produits et occupent la même situation pendant plus d'une année. Enfin, vous pourrez consacrer quelques plate-bandes autour des carrés pour la culture des fleurs et arbustes d'ornement.

Le jardin potager, où l'utile doit sans doute être préféré à l'agréable, n'exclut pas cependant la présence si récréative de quelques végétaux d'agrément.

Il est certain, en effet, que l'aspect d'un carré de beaux légumes, plantés en planches alignées, devient plus agréable et plus gai, s'il est gracieusement encadré dans une plate-bande ornée de rosiers en boule, de plantes vivaces et de fleurs odorantes.

———

HUITIÈME LEÇON.

Cultures forcées.

Vous savez déjà, mes amis, que la chaleur et l'humidité se prêtent un mutuel secours pour mettre en mouvement tout le mécanisme de la végétation ; vous savez que la chaleur surtout est un agent indispensable pour activer, stimuler la puissance germinative des graines ; or, on s'est dit : si par des moyens artificiels, il était possible de réchauffer la terre, d'adoucir, d'élever même la température de l'atmosphère, les graines lèveraient plus vite, pousseraient malgré le froid et donneraient ainsi des légumes avant leur saison.

L'homme alors chercha, inventa et parvint à hâter la végétation des légumes, la floraison des plantes d'agrément, la maturité de certains fruits comme les fraises, les cerises, les groseilles, etc.

C'est ce qu'on appelle culture forcée ou de primeurs.

Les principaux moyens employés pour obtenir ces précieux résultats sont : 1° les *abris*, 2° les *ados*, 3° les *paillassons*, 4° les *cloches*, 5° les *couches*, 6° les *chassis*.

On appelle *abri* une pallissade, une haie, un mur, qui préservent des vents froids votre terrain et le long desquels les graines et les plants seront toujours de quelques semaines plus avancés qu'en plein air.

Si vous choisissez l'emplacement le mieux abrité d'un jardin, et que vous labouriez la terre de manière à faire un très-gros sillon dont un côté sera fortement incliné au midi ou même au levant, vous établirez ainsi un *ados* sur lequel les radis, les laitues, les graines de toute sorte viendront certainement plus tôt qu'en plein carré.

Le *paillasson* s'emploie comme abri ou comme couverture ; comme abri, en le dressant le long de quelques pieux fichés en terre pour préserver les jeunes plants de choux, les pois verts, les salades. Comme couverture, en le jetant la nuit et quand il gèle sur des perches soutenues par des piquets, afin de couvrir les semis de pleine terre, les plantes tendres, les arbustes délicats, etc.; en l'étendant le long des espaliers pour conserver les jeunes fruits des pêchers et des abricotiers ; en le mettant, enfin, sur les cloches et les chassis, quand on craint que la gelée ne traverse le verre ou que le soleil ne brûle les végétaux qui y sont abrités.

On fabrique les paillassons' en étendant sur des ficelles placées et fixées parallèlement à 30 centimètres les unes des autres, de la paille de seigle, que l'on noue avec une autre ficelle, par petits paquets gros comme le pouce, pour former ainsi une espèce de natte flexible, facile à rouler ou à dérouler, selon que le besoin s'en fait sentir.

Les *cloches* sont utiles dans les jardins pour abriter certaines plantes isolées et délicates, certains semis, certains plants pour lesquels la chaleur de la couche ne suffirait pas.

Le nom qu'on leur a donné vous indique suffisamment la forme qu'elle doivent avoir. Les unes sont en verre plein, les autres sont faites de plusieurs pièces jointes ensemble par des lames de plomb, comme les vitraux que vous voyez aux fenêtres des églises.

Les premières sont les meilleures, parce quelles sont entièrement transparentes. La lumière, en effet, les frappe et les traverse de toute part; mais une fois cassées, elles sont à peu près perdues.

Les secondes sont moins bonnes, parce que chaque lame de plomb qui sert à joindre les pièces de verre produit une ombre et intercepte une petite partie de lumière ; mais quand elles se brisent, on peut les réparer à peu de frais. Cette considération a bien quelque valeur, surtout pour les jardiniers de profession.

Le *chassis* est un autre genre de couverture, beaucoup plus dispendieux, il est vrai, mais beaucoup plus puissant, beaucoup plus commode et beaucoup plus sûr. Lorsqu'un jardinier intelligent dispose en même temps de l'abri d'un chassis et de la chaleur d'une couche, il peut obtenir, pendant les plus grands froids, des radis, des laitues, des asperges, des haricots verts, des fraises, des violettes, etc. Il récoltera aussi dès les premiers jours de mai, les carottes nouvelles, les tomates, les concombres, les melons. Aussi voyons-nous, autour de nos grandes villes, la plupart des jardiniers se livrer, presqu'exclusivement, à ce genre de culture fort lucratif pour ceux qui le pratiquent avec intelligence.

On appelle *chassis* des panneaux en bois munis de feuillures et garnis de carreaux de vitres; ces panneaux reposent sur des cadres également en bois, qui reçoivent le nom de *coffres*. Ces coffres peuvent avoir, en longueur, une étendue indéfinie, suivant le nombre de chassis qu'ils doivent supporter; cependant, pour la facilité du service, on ne peut guère leur donner plus de 3 mètres 50 centimètres de long; dans ce cas, ils supportent trois panneaux et sont divisés en trois parties égales par deux traverses en bois; quelquefois aussi on a des coffres séparés pour chaque panneau vitré, la largeur de ces coffres varie depuis un mètre jusqu'à un mètre 30 centimètres. Cette mesure ne doit pas être dépassée, afin que les bras du jardinier puissent facilement atteindre sur tous les points de la couche; enfin, la partie postérieure de ce coffre est plus élevée que la partie antérieure, de manière à produire une légère inclinaison.

Le plus ordinairement, les chassis sont posés sur une *couche* de fumier chaud, recouverte elle-même d'une certaine quantité de terreau, dans laquelle on sème ou on plante les légumes que l'on veut forcer.

La *couche* est un amas de fumier de cheval ou de mulet, qui, soigneusement entassé, parfaitement foulé, s'échauffe par suite de la fermentation et communique au terreau, dont il est recouvert, une température plus ou moins élevée.

Quand on veut construire une couche, on trace d'abord sur le sol un carré long de 1 mètre 20 centimètres sur 2 mètres 50 centimètres, on place à chacun des angles de cette figure un piquet ou jalon, puis on prend avec une fourche, le fumier qu'on a eu soin d'amener à pied d'œuvre et on le place entre les quatre piquets, en le fanant et l'étendant par couches minces. Quand on a mis deux ou trois couches, on foule, soit en trépignant, soit en battant avec la demoiselle, et l'on continue ainsi jusqu'à ce que l'on ait atteint une hauteur de 50 à 60 centimètres.

Il ne reste plus alors qu'à peigner le pourtour avec un rateau et à couvrir la partie supérieure de 12 à 15 centimètres de terreau.

Il est bien entendu que si votre couche est destinée à recevoir un coffre et des chassis, vous aurez soin de la faire un peu plus large et un peu plus longue que le coffre, afin qu'elle puisse lui offrir une bâse solide.

Maintenant, si vous voulez une couche chaude, vous n'emploierez pour la monter que du fumier sortant de l'écurie ; dans ce cas, vous vous garderez bien de planter ou semer immédiatement, car au bout de quatre à cinq jours la couche s'échauffe tellement, que vos graines ou vos plants seraient brûlés ; c'est ce qu'on appelle le coup de feu, il faut attendre qu'il soit passé.

Pour avoir seulement une couche tiède,

on peut se servir de fumier à demi consommé ; elle donnera moins de chaleur que la
précédente et n'aura pas de coup de feu.

On peut ranimer la chaleur des couches
chaudes, quand elles commencent à s'é-
teindre, au moyen d'un cordon ou bour-
relet de fumier chaud que l'on applique tout
autour, de manière à les envelopper ; c'est
ce qu'on appelle un *réchaud*.

On réveille encore pour quelques instants
leurs forces épuisées en les remaniant, c'est-
à-dire en les démolissant pour les recons-
truire avec le même fumier.

Enfin, il est encore un autre moyen de
forcer certains produits de nos jardins.

Si, par exemple, vous creusez dans les
passe-pieds d'une planche de fraisiers,
d'asperges, etc., une tranchée de 0 m. 50 c.
de profondeur sur 0 m. 40 c. environ de
largeur, si vous remplissez cette tranchée de
fumier chaud, et si, de plus, vous couvrez les
fraisiers ou les pattes d'asperge avec des
cloches ou des chassis, vous avancerez la ma-

turité des fraises et l'apparition des asperges. C'est la culture forcée *par sentier;* on emploie fréquemment ce dernier moyen dans les grands jardins; il est fort avantageux pour forcer des plantes qu'on ne veut pas et qu'on ne peut pas déplacer.

Le fumier des réchauds et des sentiers doit être renouvelé lorsque sa chaleur est épuisée, c'est-à-dire tous les quinze ou vingt jours; dans ce cas, on retire avec une fourche le vieux fumier, pour le remplacer par du fumier neuf bien imprégné de l'urine des animaux; s'il n'était pas suffisamment humide, vous auriez soin de l'arroser, afin de stimuler sa fermentation, avec de l'eau légèrement blanchie par une petite quantité de chaux vive.

Ici se termine l'exposé des principes généraux du jardinage; nous allons passer maintenant à la pratique.

CHAPITRE III.

MOYENS DE MULTIPLICATION.

NEUVIÈME LEÇON.

Les Semis.

De tous les moyens de multiplication, le plus facile et le plus naturel est, sans contredit, le semis. Cette opération est la plus importante du jardinage ; c'est par là qu'on reproduit les plantes à l'infini, qu'on a de nouvelles variétés, qu'on obtient des sujets vigoureux et qu'on parvient à peupler nos jardins de végétaux innombrables.

Aussi, doit-on prendre toutes ses précautions pour que l'opération réussisse.

Admirons ensemble, mes enfants, la puissance divine dans cette circonstance. Nous jetons dans le sol une graine souvent tellement fine, que nous l'apercevons à peine ; cette graine, confiée à la terre, ne tarde pas à germer et à produire un végétal magnifique, s'élevant quelquefois à plusieurs mètres de hauteur.

L'époque la plus convenable pour les semis est le printemps ; la plupart des graines semées à l'automne ou pendant l'hiver ne peuvent supporter le froid et périssent. Au printemps, au contraire, le soleil commence à réchauffer la terre ; cette chaleur permet aux graines de lever sans craindre les gelées.

Si, cependant, on redoutait encore quelques gelées blanches, si funestes aux jeunes plantes, on devrait alors recouvrir le semis d'un paillasson ou de tout autre abri.

Je ne vous parlerai d'abord que des semis en pleine terre, soit pour être laissés sur place, soit pour être transplantés.

Le sol sur lequel on veut faire son semis doit être profondément labouré, parfaitement ameubli, bien nivelé, bien amendé. Il faut choisir une terre douce, légère, fertile et divisée, pour que le plant ait beaucoup de racines; si vous transplantez, la reprise sera plus facile. Je disais tout à l'heure que le terrain doit être nivelé; en effet, s'il en était autrement, l'eau des arrosements, ou même l'eau de pluie, se porterait dans les parties basses du semis et ferait pourrir les semences qu'on y déposerait.

Toutes les graines ne doivent pas être semées à la même profondeur. Les graines fines se sèment à fleur de terre; on se contente, après cette opération, de passer le râteau sur le sol pour le couvrir légèrement. Les graines d'une certaine grosseur demandent à être semées plus profondément.

En général, plus une graine est fine, moins elle doit être recouverte. Cela s'explique facilement : Dans une graine fine les cotylédons sont très-petits et par conséquent très-faibles; si vous la recouvrez trop, elle ne pourra soulever la terre et périra. Quant aux grosses graines, elles parviendront facilement à traverser la couche qui les recouvrira.

Il est certaines graines munies de petites aigrettes ou de poils soyeux, qui tendent constamment à se réunir en pelotons ; pour faire disparaître cet inconvénient, ajoutez-y un peu de sable afin de les diviser ; cette opération vous permettra de semer régulièrement.

Les graines fines doivent aussi être mélangées, soit avec du sable, soit avec de la cendre ou même de la terre très-fine ; au moyen de ce mélange, vous semerez beaucoup moins épais, et votre plant sera plus beau, parce qu'il sera moins gêné.

Votre semis terminé, vous aurez soin de le couvrir d'une couche légère de fumier ou de paille fine, c'est ce qu'on appelle le *pailli*. Il a pour but d'empêcher les arrosements de former sur la terre une croûte que les jeunes cotylédons ne pourraient percer.

Il y a trois manières de semer : 1° en rayons, 2° en potelets, 3° à la volée.

Un mot sur chacune d'elles :

On sème en rayons quand on veut laisser les plantes sur place. On ouvre, à cet effet, au cordeau, de petits sillons de deux à trois centimètres de profondeur, on y répand la graine, puis on recouvre avec la terre déplacée.

On sème en potelets les graines des végétaux qui craignent la transplantation ou qui doivent figurer à des places déterminées. Ce semis se fait en pratiquant, avec le doigt ou avec une fiche, un petit trou dans lequel on dépose la graine que l'on recouvre.

On sème à la volée, quand le plant ne doit rester que quelques semaines en pépinières, pour être repiqué plus tard.

Pour cette dernière manière de semer, on tient la graine dans la main droite, et on la laisse échapper entre les doigts que l'on entr'ouvre légèrement, puis on pique au rateau pour l'enfoncer et la couvrir.

Il est bon de remarquer que les plantes semées en rayons lèvent presque toujours trop nombreuses, et que, devant rester sur place, elles se nuiraient entr'elles, si la main de l'homme n'était là pour remédier à cet inconvénient.

Quand votre semis est entièrement levé et que les plants sont assez forts pour que les doigts puissent les saisir facilement, il faut arracher tout ce qui est de trop et ne conserver que les sujets les plus vigoureux, en laissant entr'eux l'espace suffisant pour qu'ils puissent se développer à l'aise.

Il est bien entendu que cet espace doit varier suivant la nature de la végétation des plantes que vous voulez cultiver.

Quand on veut semer sur couche, on fait comme je vous l'ai déjà dit, des couches de fumier chaud, que l'on recouvre de douze centimètres de terreau ; on attend le coup de feu, et lorsqu'il n'est plus à craindre, on sème à la volée, comme en pleine terre. Si vous semez en hiver ou dès les premiers jours du printemps, vous pourrez mettre sur votre couche, avant de semer, quelques cloches que vous placerez en échiquier,; puis, vous semerez sous chaque cloche les graines que vous voudrez forcer. Enfin, quand vous voudrez semer sous chassis, vous placerez vos coffres sur la couche avant d'y mettre le terreau; le coffre une fois assujetti, vous jetterez votre terreau, vous en égaliserez la surface, vous semerez, puis vous couvrirez avec le chassis, en vous rappelant, toutefois, qu'il ne faut jamais opérer avant que le coup de feu soit passé.

Quelquefois, on sème dans des terrines ou dans des pots, qu'on enfonce sur la couche et qu'on recouvre de cloches ou de chassis.

Quant aux arrosements, on doit toujours les donner avec un arrosoir à pomme très-fine pour ne pas battre le terreau.

DIXIÈME LEÇON.

Récolte et conservation des Graines.

Les graines doivent être récoltées au milieu du jour, par un temps sec.

Vous reconnaîtrez l'époque de la maturité par la dessication des capsules ou par l'état des semences qui seront dures et qui auront perdu leur couleur verte. Vous les recueillerez avec précaution dans des vases propres, et en les séparant par espèce et même par couleur, lorsqu'elles seront prises sur les diverses variétés de la même plante, comme la balsamine, la verveine, etc. Il est très-utile de les récolter sur des sujets sains, vigoureux et d'un beau port.

Les graines, après leur récolte, seront exposées au soleil, pour achever la dessication et enlever l'humidité. Quand elles seront bien sèches, vous les nettoierez, les réunirez par espèces et par variétés dans des poches étiquetées et déposées dans un tiroir à l'abri du froid, de la chaleur trop forte, de l'humidité et hors de la portée des insectes.

Quelques personnes cultivent, pour en faire des petites boîtes, les coloquintes ou les courges, dont la pulpe amère éloigne les insectes ou autres animaux malfaisants.

D'autres réunissent en faisceau les tiges qui supportent soit les ombelles, soit les siliques, soit les capsules, et suspendent ces petits faisceaux aux poutres de leur plancher. La carotte, le navet, le chou se conservent ainsi. On n'opère alors le nettoyage qu'au moment où on veut faire le semis.

L'essentiel, je vous le répète, est de préserver la semence de l'humidité qui la fait pourrir, de la trop grande chaleur qui détruit les facultés germinatives et du froid qui pourrait nuire à quelques espèces délicates.

Surtout, n'oubliez pas d'étiqueter ; sans cette précaution, voyez-vous, tout ne sera que confusion dans vos cultures.

L'étiquette doit faire connaître le nom d'espèce, le nom de variété, la couleur et l'année de la récolte. L'année de la récolte : cette dernière indication est, sans contredit, la plus essentielle, car toutes les graines ne conservent pas pendant le même espace de temps leur puissance germinative. Les unes peuvent être gardées pendant plusieurs années, tandis que les autres doivent être semées au printemps qui suit leur récolte ou même aussitôt leur maturité.

Voici, du reste, un petit tableau indicatif pour la durée germinative des plantes les plus généralement cultivées dans le jardin potager :

Betterave, 2 ans.	Mâche, 3 ans.
Carotte, 2 ans.	Navet, 2 ans.
Céleri, 3 ou 4 ans.	Oignon, 3 ans.
Chicorée, 2 à 4 ans.	Panais, 1 an.
Chou, 3 ou 4 ans.	Persil, 4 ou 5 ans.
Citrouille, 7 ou 8 ans.	Porreau, 2 ans.
Concombre, 7 ou 8 ans.	Pois verts, 2 ans.
Epinards, 2 ou 3 ans.	Pourpier, 4 ou 5 ans.
Fève de marais, 2 ans.	Raves, 2 ou 3 ans.
Haricot, 1 an.	Radis, 2 ou 3 ans.
Laitue, 2 ou 3 ans.	Salsifis, 1 an.
Melon, 7 ou 8 ans.	Tomates, 2 ans.

Voici maintenant quelques particularités sur les graines, que je n'assure pas, mais que je rapporte comme des opinions reçues chez beaucoup de jardiniers.

On croit que les graines des porte-graines qui ont passé l'hiver en pleine terre, sont préférables à celles des porte-graines qui montent dès la première année.

Que la graine de carotte de deux ans est moins sujette à monter que celle d'un an.

Que la graine de chicorée qui a plus de deux ans, est meilleure que celle qui est plus nouvelle.

Que la graine de laitue vaut mieux la seconde année que la première.

Que les graines d'oignons, de porreaux, d'oseille, qui sont restées dans les têtes, sont bonnes à semer deux années de plus que quand elles ont été tirées ou épluchées à la récolte.

Enfin, que la graine récoltée sur des plantes tenues en serre ou sous des chassis, est plus sujette à se trouver stérile, et à donner du plant délicat ou prompt à périr.

La vieille graine lève beaucoup plus difficilement que la jeune, aussi il arrive souvent que les jardiniers sans expérience, fatigués d'attendre, bouleversent un semis qui aurait pu leur donner de beaux plants, s'ils avaient eu la patience d'attendre quelques jours de plus.

ONZIÈME LEÇON.

La transplantation et le repiquage.

La plupart des plants obtenus par les semis à la volée, sont destinés à être transplantés. Pour opérer cette transplantation, vous arroserez convenablement votre terrain, afin de rendre la terre humide, ce qui vous permettra d'enlever le plant avec toutes ses racines. Le sol sur lequel on veut faire le repiquage doit être humide ; vous aurez soin de l'arroser quelques heures avant, s'il était trop sec, et de le rayonner pour que la plantation soit régulière.

Vous devez repiquer le soir ou par un temps couvert, afin que le plant ne soit pas fatigué par la chaleur. Vous vous servez alors d'une fiche ou plantoir en bois, avec lequel vous faites un trou de 8 ou 10 centimètres de profondeur ; vous y placez une plante, puis vous pressez la terre avec le bout du plantoir pour opérer le scellement. Ce scellement est de la plus haute importance ; il empêche l'air et la chaleur de pénétrer jusqu'aux racines et de les dessécher.

Pour la transplantation des plantes fibreuses ou chevelues, on a l'habitude de raccourcir, à l'aide d'un instrument tranchant, l'extrémité des racines et la partie supérieure des feuilles, en se gardant bien, toutefois, d'endommager l'œil de la plante. Cette opération a pour but de rétablir l'équilibre et de ralentir l'évaporation des organes extérieurs qui ne serait plus en rapport avec le travail intérieur des organes souterrains.

Ces notions générales et préliminaires vous suffiront, je pense, pour guider vos premiers pas dans la carrière si large et si variée des cultures potagères. Néanmoins, je vais terminer ce petit cours élémentaire, par la nomenclature des légumes les plus usuels, avec l'indication de leurs diverses espèces, de leurs variétés, et des moyens les plus ordinaires pour les cultiver.

CHAPITRE IV.

LÉGUMES RUSTIQUES DE PREMIÈRE NÉCESSITÉ.

DOUZIÈME LEÇON.

Le Choux.

Henri IV voulait que chacun de ses sujets pût mettre la poule au pot tous les dimanches; il avait, ce me semble, oublié quelque chose. Si j'étais roi, je voudrais que chaque laboureur pût y ajouter force choux, carottes et navets; et pour cela aussi, je voudrais que, non loin de son habitation champêtre, il eût un modeste jardin, planté, cultivé par ses mains ou celles de ses enfants.

Le chou n'est-il pas, en effet, la base de l'alimentation du pauvre? ne s'allie-t-il pas merveilleusement à tous les mets préparés par la ménagère ? Il faut donc le cultiver de manière à ce qu'on puisse le trouver en tout temps dans le jardin de la ferme. Ne serait-il pas honteux, pour un habitant des campagnes, d'aller chercher aux marchés de nos villes cet objet de première nécessité, et de devenir ainsi le consommateur, quand il devrait être le producteur.

Enfin, mes enfants, il faut bien que nos pères aient trouvé quelque plaisir à cultiver ce beau cet excellent légume, car, vous le savez, quand fatigué de travaux sérieux et pénibles, un homme veut vivre loin du tumulte des villes et libre de tout soucis, il dit : « Je vais planter mes choux. » Il exprime ainsi qu'il va vivre heureux et content dans un petit coin de terre, objet de tous ses soins, de toutes ses affections.

Le chou est une plante indigène, ou du moins son type se trouve à l'état sauvage sur divers points de la France. Il y a bien longtemps qu'il a été cultivé et amélioré, car

6

les Romains en connaissaient déjà plusieurs variétés. Il appartient à la famille des *crucifères*, et dure deux ou trois ans ; on en distingue plusieurs races principales : 1° Les *choux verts* ou sans pomme ; 2° les *choux cabus* ou pommés, à feuilles lisses ; 3° les *choux de Milan*, à pomme très-serrée, à feuilles frisées d'un vert foncé ; 4° les choux à jets, dits *choux de Bruxelles* ; 5° enfin, les *choux fleurs* ou *brocolis*, dont on mange les fleurs qui, réunies en paquets très-serrés, forment avant leur épanouissement une tête plus ou moins grosse, d'un blanc de lait et d'un goût très-agréable.

Le chou se mange en toute saison ; on le sème, par conséquent, à plusieurs époques.

Le chou d'automne se sème en mars et avril, se plante fin de juillet et premiers jours d'août ; il se mange fin d'octobre et jours suivants.

Le chou d'été ou de printemps se sème en

août, se repique en octobre , en pépinière, se plante en mars et se mange en juin.

Le chou d'Avent se sème en juillet, se met en place en novembre, se mange en avril, mai et juin.

Les meilleures variétés sont :

Pour le chou d'automne : Le *Milan* ou pancalier; le *cabus* ou chou pomme.

Pour le chou d'été : le *Nantais*.

Pour le chou d'Avent : le *Joannet*, le *Nantais*, le *gros* et le *petit d'York*, le *Pain de sucre* ou *Cœur de bœuf*.

Le chou vert sans pomme, qui dans certains pays se cultive en grand pour les bestiaux, se plante à la Saint-Jean, et peut servir à faire d'excellents potages aux mois de février et de mars, lorsque les choux d'Avent ne sont pas encore bons à prendre.

Tous les choux aiment une terre un peu forte, bien labourée et bien fumée; on les plante toujours en échiquier, assez loin les uns des autres pour qu'ils puissent se développer à l'aise. Ainsi les *gros Milan* doivent être mis à 80 centimètres, tandis que le *Joannet*, le *Nantais*, le d'*York*, peuvent être rapprochés jusqu'à 50 centimètres.

Si, lorsqu'on plante des choux, on peut mettre à chaque pied une poignée de noir animal ou quelques pincées de guano, la végétation sera magnifique et les résultats très-avantageux.

Pendant l'été les arrosements fréquents sont indispensables pour obtenir une pomme tendre et d'un beau volume.

Les choux fleurs sont plus délicats ; on les divise en trois séries : 1° Choux-fleurs tendres ou d'été ; 2° demi-durs ou d'automne ; 3° durs ou d'hiver. Les premiers se sèment sur couches dès les premiers jours du printemps et se plantent en mai, pour être mangés en juillet ou août. Les seconds se sèment en avril, se plantent en juillet pour être récoltés en octobre.

Les troisièmes se sèment en mai, se

plantent en août, passent l'hiver et donnent leurs fleurs en mars et avril.

Les deux premières espèces demandent beaucoup d'eau et de fréquents binages.

Les *choux à jets*, dits choux de *Bruxelles*, se sèment en mars et avril ; on les met en place depuis le mois de juillet jusqu'au mois de septembre. Les premiers plantés se mangent fin de septembre, les autres donnent en novembre et quelquefois pendant tout l'hiver, leurs petites pommes grosses comme des noix, qui naissent à l'aisselle des grandes feuilles et se reproduisent même plusieurs fois, quand on les coupe avec précaution.

Pour avoir la graine des choux, on laisse monter sur place les choux verts ou sans pomme qui fleurissent en mai, produisent de nombreuses siliques que l'on récolte en juillet.

Quant aux espèces à pommes, il est nécessaire de couper la pomme au-dessus des premières feuilles : il se manifeste alors un

6*

grand nombre de rejetons qui fleurissent et produisent la graine ; on la récolte à mesure que les siliques deviennent jaunes et avant qu'elles se soient entièrement desséchées.

La Carotte.

Plante indigène, bisannuelle, de la famille des *Ombellifères* ; elle croît spontanément en France dans les prés secs et sur les pelouses arides. On l'a beaucoup améliorée par la culture ; elle demande, comme toutes les plantes pivotantes, une terre douce, profonde, bien ameublie et bien fumée. Je dois ajouter, quand je dis bien fumée, qu'elle ne veut pas une fumure récente ; il faut que le terrain ait été fumé et préparé six mois au moins à l'avance.

La carotte se sème en rayons ; puis lorsqu'elle est levée, on éclaircit le plant pour qu'il puisse se développer à l'aise.

Quelques personnes transplantent les carottes ; mais je ne peux vous conseiller d'employer ce moyen, parce que, dans ce cas, elles prennent toujours peu de développement et deviennent souvent fourchues.

On sème la carotte au printemps; elle se mange à l'automne, puis lorsque viennent les gelées, on l'arrache et on la conserve dans des celliers ou dans des caves, en la mettant en tas et en la recouvrant de paille.

On sème aussi au mois d'août et on laisse en place pendant l'hiver; les carottes ainsi cultivées se mangent au printemps et sont ordinairement plus tendres que celles qui ont été arrachées à l'automne et conservées dans le sable.

Enfin, on sème aussi sur couche, dès les premiers jours de février, les variétés les plus hâtives, qui peuvent être mangées dès les premiers jours de juin.

Les meilleures variétés sont : Pour les semis de printemps, la *rouge longue*, la *rouge demi-longue* dite *carotte à jus*. Pour les semis d'août, la *rouge courte de Hollande*, la *jaune courte*. Pour les semis sur couches, la *rouge très-courte* dite *toupie*.

On cultive aussi pour les bestiaux la *blanche des Vosges* et la *blanche à collet vert*.

Pour se procurer la graine de carotte, on choisit, au printemps, parmi celles qu'on a conservées pendant l'hiver les plus belles et les mieux faites ; on les plante dans une terre bien préparée, en ayant soin de les éloigner le plus possible des prés et autres lieux où naissent spontanément les carottes sauvages. Si vous négligez cette précaution, votre graine produira très-certainement des carottes plus ou moins dégénérées.

Vos porte-graines ainsi plantés, fleuriront vers le mois de juin, et vous pourrez récolter les ombelles vers le milieu d'août.

Le Navet.

Plante bisannuelle, indigène, de la famille des *Crucifères*, fort anciennement connue dans la culture potagère ; elle est aussi généralement recherchée à cause de sa culture facile et de son agréable saveur. On peut en semer en deux saisons, au printemps et à la fin de l'été.

Au printemps, on sème à la volée, et dans un terrain préparé avec soin, des variétés hâtives, telles que le *navet des sablons* ou le *navet des vertus*; il faut les arroser s'il survient des chaleurs; ils se mangent pendant l'été.

Les semis de fin d'été se font de la mi-juillet à la mi-août. Il faut tâcher de profiter du moment où la terre est rafraîchie par un orage ou par une pluie douce et bienfaisante. Les navets ainsi semés se mangent en novembre et jusqu'en février; Les meilleures espèces sont: 1° le *gros long d'Alsace;* 2° le *noir d'Alsace;* 3° le *gris de Morigny;* 4° le *turnep de Hollande;* enfin, la *rave du Limousin.*

On ne sème pas seulement les navets dans les jardins potagers, ils sont fréquemment cultivés en grand pour la nourriture des bœufs, des vaches et des moutons. Dans ce cas, on les sème en plein champ, même après la récolte des céréales, en ayant soin de nettoyer le terrain avant le semis et de herser ensuite pour couvrir la graine.

Dans notre Bocage vendéen, le navet se sème sur les guérêts, après un blé et comme culture sarclée.

On se procure de la graine de navet en plantant, au printemps, les plus beaux sujets qu'on a conservés l'hiver, et, comme pour les carottes, on les éloigne le plus possible des lieux où naissent les navets sauvages, appelés vulgairement rifles ou navettes.

La Betterave.

Racine pivotante, comme la carotte et le navet, originaire de l'Europe méridionale, famille des *Chenopodées*, excellent légume, d'un goût savoureux et sucré; il se mange cuit, soit en salade, soit en friture, soit,

..fin, accommodé avec du beurre et du lait. Sa culture est facile.

La graine de betterave se sème le plus ordinairement en rayons, depuis la mi-mars jusqu'en mai.

On éclaircit en juin, puis on laisse sur place et on récolte les racines à la fin d'octobre, pour les serrer dans un endroit sec, à l'abri de la gelée. Il ne faut pas oublier de couper les feuilles. Une terre douce, profonde et bien labourée est la plus convenable. Elle réussit, néanmoins, dans un sol léger, pourvu qu'il ait été fumé l'année précédente. Si on ne pouvait fumer le terrain qu'au moment de la semer, il faudrait n'employer que du fumier bien consommé.

Les variétés les plus généralement cultivées, comme légumes comestibles, sont : 1° La *négresse* ou grosse rouge ordinaire; 2° la *grosse crapaudine*; 3° la *petite crapaudine* ou *rouge de Castelnaudary*.

En agriculture, on cultive encore pour la nourriture des bestiaux la *betterave cham-*

pêtre, et pour la fabrication du sucre, la *jaune d'Allemagne* et la *blanche de Prusse*.

Pour ce qui est de la grande culture, on sème à la volée, et l'on repique en place dans une terre convenablement préparée.

On se procure la graine en plantant, au printemps, les racines qu'on a conservées pendant l'hiver, et qui montent dès les premières chaleurs pour donner leur semence qui se récolte fin août.

La Poirée ou Bette d'Europe.

Plante bisannuelle, dont les feuilles servent à corriger l'acidité de l'oseille; on peut aussi faire bouillir les nervures médianes de ses feuilles et les manger à la sauce blanche. On la sème depuis mai jusqu'en août. On peut laisser sur place en éclaircissant, de manière à ce que les pieds se trouvent à 0,25 les uns des autres ; on peut aussi repiquer en place à la même distance. On mange les feuilles tout l'hiver, jusqu'au printemps ; à cette époque, on garde quelques pieds qui montent et donnent leur semence qui se récolte vers la fin de juillet.

Le Porreau ou Poireau.

Plante bisannuelle, originaire de la Suisse, de la famille des *liliacées ;* elle demande une terre substantielle et bien amendée avec du fumier de cheval ou de mouton. Le marc de raisin, la cendre de lessive, le noir animal, le guano, activent singulièrement sa végétation. Elle se sème à la volée, et se plante en rayons vers la fin de juin. On la bine plusieurs fois avant l'automne, et dès le mois de novembre, on commence à la manger jusqu'à la mi-mars, époque à laquelle elle monte et produit la graine.

On connaît deux variétés principales : le *porreau vert* et le *jaune.* Ce dernier est plus gros, mais il est moins tendre et moins savoureux que le précédent.

L'Oignon.

Plante bulbeuse, de la famille des *liliacées*, annuelle ou bisannuelle, selon le mode de culture auquel on la soumet; légume excellent, très-recherché, très-sain, indispensable dans la cuisine du pauvre comme dans celle du riche.

Il est, en outre, un objet de commerce fort important pour les départements de la Vendée et des Deux-Sèvres, qui, chaque année, livrent aux marchands revendeurs des contrées voisines, une immense quantité de plants semés et venus sans frais dans les jardins ou même en plein champ.

Voici comment se font ces semis en grand: on donne à la terre un léger labour, sans amender ni fumer; les engrais seraient plus nuisibles que profitables. On trace des planches d'un mètre de large, et dans les derniers jours d'août ou les premiers jours de septembre, on sème un peu dru (environ

500 grammes de graines pour un are); on pique au rateau pour enfoncer la graine; on couvre d'un pailli, puis on bat le terrain avec le dos d'une pelle ou tout autre instrument équivalent. Si le temps est trop sec, quelques arrosements sont nécessaires.

Quand les oignons sont lévés, il faut les sarcler; cette besogne n'est pas fort amusante, mais, une fois faite, on ne touche plus aux plants que pour les arracher, les lier en paquets et les livrer aux acheteurs. Cette livraison commence ordinairement en février pour se continuer jusqu'à la fin de mars.

Un jardinier qui sème pour sa consommation s'y prend à peu près de la même manière, seulement il ne sème pas aussi épais; ses oignons sont plus faciles à sarcler, ils grossissent plus vite, et, dès lors, on peut planter de bonne heure, c'est-à-dire dès la mi-janvier, si l'état de la terre et de l'atmosphère veulent bien le permettre; cette plantation n'est autre chose qu'un

repiquage en ligne à 15 centimètres d'intervalle sur des planches labourées et dressées
à cet effet ; le fumier bien consommé ne
nuirait pas dans cette circonstance.

L'oignon, ainsi planté, ne réclame que
deux ou trois binages, dans le courant de
la belle saison, pour le débarrasser des
mauvaises herbes ; vers la fin de juillet on
peut tordre ses tiges et les coucher sur le
terrain pour faire refluer la sève dans les
bulbes ; au mois d'Août on arrache ces
bulbes, on les débarrasse de leurs feuilles
à moitié desséchées, puis on les étend sur
les planches pendant quelques jours, après
quoi on les rentre pour les mettre au
grenier ou dans un lieu sec, à l'abri des
fortes gelées.

Dans ce cas, il vous sera facile de comprendre que l'oignon est une plante bisannuelle, car, semée à l'automne, elle a
passé un premier hiver en terre, a conservé
pendant le second hiver ses vertus germinatives, et, remise en terre au printemps,

elle pousse encore avec force, monte, fleurit, et donne ses graines que vous récoltez fin juillet et que vous pouvez resemer fin août, après les avoir nettoyées. Ce nettoyage est fort difficile ; il faut d'abord battre les têtes, puis les frotter longtemps pour faire sortir la graine de son enveloppe ; enfin il faut, pour les séparer de leur bourre, les plonger dans un vase plein d'eau ; la bourre surnage, la bonne graine gagne le fond du vase, on décante et on fait sécher au soleil.

Voici maintenant la culture comme plante annuelle :

Si au lieu de semer fin août vous ne semez qu'au printemps, vous pourrez éclaircir votre semis et laisser sur place : vous aurez alors une fort belle récolte d'oignons de moyenne grosseur très-recherchés par les cuisiniers pour mettre dans leurs ragoûts ; si vous n'éclaircissiez pas ou si vous éclaircissiez peu, vos oignons seront très-petits et très-bons pour confire dans le vinaigre.

Enfin, ces mêmes petits oignons sont très-précieux pour faire ce qu'on appelle l'oignon de Paris ou l'oignon baveux.

On s'y prend de la manière suivante : lors de la recolte, on met de côté les plus petites bulbes, que l'on conserve dans un lieu sec. Vers la mi-février on prépare des planches que l'on ameublit et que l'on fume convenablement pour planter ces petites bulbes qui bien binées, suffisamment arrosées, poussent avec vigueur, ne montent pas et donnent vers la fin de mai de gros oignons verts très-tendres et très-savoureux.

Les variétés de l'oignon sont nombreuses ; je vous indiquerai seulement les plus généralement cultivées dans notre pays.

Pour semis d'automne, je vous conseille *l'oignon rouge* et *l'oignon jaune* dit de *Niort*, *le blond des vertus* et *l'oignon de Cambrai*.

Pour semis de printemps, préférez *l'oignon blanc hâtif* ou *l'oignon double tige*.

On cultive encore le *gros violet*, *le gros blanc*, *l'oignon d'Espagne*, etc.

Les Haricots.

Cet excellent légume, de la famille des *papillonacées*, est originaire de l'Inde; ses tiges sont annuelles et ne peuvent supporter la moindre gelée; aussi, dans la culture ordinaire, on ne le confie à la terre que vers la fin d'avril ou les premiers jours de mai. On le sème à la main sur des planches rayonnées; on peut le recouvrir de 4 à 5 centimètres de terre, et, si le temps est favorable, il lève promptement. Quelques binages sont nécessaires pour détruire les mauvaises herbes; il faut aussi des arrosements quand le temps est sec et surtout si vous vous proposez de le manger en vert.

Dans ce dernier cas, vous pourrez échelonner vos semis de quinze en quinze jours jusque vers le milieu d'août, de manière à cueillir vos derniers haricots verts depuis octobre jusqu'aux premières gelées blanches.

Pour récolter les grains en sec, il faut

nécessairement semer avant la fin de mai ; si vous semiez plus tard, votre grain n'aurait pas le temps de mûrir et de se dessécher.

Dans ce second cas, on peut semer en plein champ, en traçant un rayon dans lequel on dépose la semence qu'on recouvre en ouvrant un second rayon, et ainsi de suite.

Lorsque les haricots sont levés, un binage est indispensable ; pour ce qui est des arrosements, il serait quelquefois fort difficile d'en donner ; il faut confier ce soin à la Providence.

Les variétés de haricots sont très-nombreuses ; elles se divisent tout d'abord en deux grandes séries, savoir : Les haricots à tiges volubiles ou à rames et les haricots à tiges courtes ou sans rames, qu'on appelle aussi haricots nains.

Les plus généralement cultivés dans la première série sont : Le *haricot de Soissons*, à grains blancs ; le *haricot Sabre*, à grains blancs comprimés ; le *haricot Prague*, ou pois rouge, grain rond, rouge violacé, très-productif ; enfin, le *haricot d'Alger* ou *haricot beurre*, grain rond, tout noir, excellent et très-précoce.

Toutes les plantes ci-dessus grimpent avec vigueur et s'enroulent aux branches qu'on a eu soin de piquer de distance en distance au bord des planches où elles sont semées.

Dans la seconde série, nous avons : le *haricot commun*, à grains blancs ; le *flageolet*, à grains blancs, très-hâtif ; le *haricot Suisse*, à grains rouges ; il est très-bon en sec et en vert ; on en cultive trois sous-variétés très-estimées, qui sont : le *gris*, le *jaspé* ou *bagnolet* et le *ventre de biche*, tous également bons en sec et en vert.

Je vous recommande aussi le *haricot dia-blotin* ou *noir de Belgique* ; c'est le plus précoce pour la pleine terre. Ces derniers n'ont pas besoin de supports ou de rames.

Un mot maintenant sur la culture forcée des haricots verts.

La variété appelée *flageolet* est la meilleure pour cette opération, que l'on doit commencer dès la première semaine de janvier. A cet effet, vous construisez dans un lieu abrité une bonne couche chaude, vous la couvrez de coffres et de chassis, après avoir mis sur le fumier 15 centimètres de bonne terre franche mélangée avec un quart de terreau ; vous laissez passer le coup de feu, puis vous semez vos haricots et vous couvrez de paillassons pour intercepter la lumière ; au bout de trois ou quatre jours les haricots sont nés ; vous enlevez les paillassons que vous ne manquez pas de remettre tous les soirs et de doubler même lorsqu'il fait froid.

Au bout de huit jours les pieds des haricots s'allongent ; il est nécessaire de les chausser avec du terreau jusqu'aux cotylédons et de donner un peu d'air au milieu du jour, puis vous garnissez le pourtour de votre couche, y compris le coffre, d'un réchaud de fumier que vous renouvelez tous les quinze jours.

Au mois de février les haricots commencent à fleurir ; il faut alors nettoyer souvent et enlever les feuilles mortes. Quant aux arrosements, ils doivent être rares en commençant, plus fréquents à partir de la floraison, mais toujours très-légers, c'est-à-dire qu'on doit seulement bassiner avec la pomme de l'arrosoir et choisir, autant que possible, les jours où le soleil paraît.

Enfin, si vous n'éprouvez dans vos cultures ni accidents ni retards, vous cueillerez des haricots dans les premiers jours de mars ; vous continuerez ainsi jusqu'à l'épuisement de vos pieds qui jauniront et finiront par périr sur la couche.

Le Pois.

Le pois cultivé est originaire du midi de l'Europe et appartient à la famille des *papillonacées*. On en connait un assez grand nombre de variétés ; mais on n'en cultive généralement que trois ou quatre.

Le pois *michaux* est certainement le plus répandu ; il se sème au mois de novembre, soit en rayons, soit en potelets, à bonne exposition sur des plate-bandes terrautées. Lorsque l'hiver est trop rigoureux et notamment lorsqu'il tombe de la neige ou du verglas, on couvre avec des paillassons étendus sur des perches. Le froid sec ne fait aucun mal aux pois. A la fin de mars, il faut biner, nettoyer et poser les rames, puis on attend le moment de la récolte qui varie suivant l'état de l'atmosphère et l'exposition plus ou moins avantageuse, du 1er mai au 1er juin.

On sème aussi au printemps, quelquefois même il arrive que la récolte de ces seconds semis se fait aussitôt que celle des semis de novembre, cela dépend surtout du temps qu'il fait pendant les mois de mars et avril.

Enfin, pour cueillir des pois pendant l'été et jusqu'au commencemeut de l'automne, il faut semer tous les quinze jours jusqu'au mois d'août; les derniers semis donnent leur récolte en octobre. Quelques jardiniers, dans ce cas, sèment de préférence le *pois nain* ou *demi-nain* sans rames, le pois *prince Albert* et le pois *ridé*.

Inutile d'ajouter que pour ces cultures d'été il faut des arrosements et de fréquents binages de propreté.

Quand on laisse mûrir les pois, on peut les conserver en sec et les manger en purée; dans tous les cas, il faut en récolter une certaine quantité pour avoir de la graine.

La Fève.

Plante rustique, de la famille des *papillonacées*. On la cultive en grand dans les marais de la Vendée.

Il est bon d'en avoir dans le jardin potager; ses gousses tendres, l'extrémité même de sa tige sont assez recherchées pour mettre dans la soupe.

La fève se sème au mois de novembre en terre bien préparée ; on la sème aussi au printemps.

On en laisse sécher sur pied pour récolter le grain qui se mange en sec et surtout pour se réserver de la semence.

Comme variétés, je vous indiquerai ; la *grande blanche*, *la petite blanche*, *la violette*, *la naine.*

La Pomme de terre.

Chaque fois que vous mangez une pomme de terre, mes amis, rappelez-vous que nos ancêtres, un peu trop méfiants et surtout trop enclins à la routine, refusèrent durant plus d'un siècle, d'accepter ce présent du ciel, cette seconde manne offerte par le bon Dieu pour consoler et nourrir le laboureur quand ses épis sont stériles.

Il fallut un apôtre pour prêcher aux hommes la pomme de terre. Cet apôtre, qui s'appelait *Parmentier,* fut obligé de lutter pendant plusieurs années contre les résistances de toutes sortes, contre l'injure, le sarcasme, la calomnie. Il employa la ruse, profita de toutes les circonstances, et ce fut la disette de 1785 qui l'aida surtout à convertir le peuple récalcitrant et entêté.

Ecoutez, du reste, je vais vous raconter en peu de mots cette histoire.

La pomme de terre appartient à la famille des *Solanées,* aussi reçoit-elle souvent le nom de *Solanum tuberosum* ou de *morelle tubéreuse.* Elle est originaire des contrées intertropicales de l'Amérique ; elle croît au Chili, au Pérou, et c'est de là qu'elle fut importée, vers la fin du XVIe siècle, c'est-à-dire il y a près de 300 ans, dans la province de Betanzos en Galicie. Par qui ? je ne saurai vous le dire ; ce qu'il y a de sûr, c'est qu'elle s'acclimata si bien qu'elle devint indigène, qu'on la trouve encore dans cette

contrée de l'Espagne, naissant spontanément au milieu des vignes et sur les bords
de la mer. C'est pourquoi, je pense, on
l'appelle *châtaigne de mer.*

En 1585, un certain *Raleigh* la prit en
Flandres pour la porter en Angleterre;
l'Italie et le nord de la France cultivaient
déjà ce précieux tubercule; mais seulement
comme plante rare et curieuse.

En 1588, *l'Ecluse d'Arras*, publia un
livre sur la pomme de terre et sollicita l'attention du gouvernement; on se moqua de
lui; plus tard, et vers 1592, *Gaspard Bau-
hin* parvint à l'introduire en Suisse, aux
environs de Lyon et dans les montagnes des
Vosges; ces essais n'eurent aucun succès,
les routiniers firent une opposition systéma-
tique; on fut jusqu'à répandre que cette
plante donnait la lèpre.

Pendant plus d'un siècle, comme je l'ai
déjà dit, on refusa de croire aux excellentes
qualités de la pomme de terre. Cependant,
vers 1783, elle se fit jour dans les cultures

du nord de la France ; Parmentier se mit à la tête du mouvement, il brava les préjugés, combattit les erreurs, méprisa les injures et les railleries qu'on lui prodiguait. On ne craignit pas de dire que le *Solanum tuberosum* était un poison violent. Il fallut encore démontrer la fausseté de cette coupable assertion, il supplia quelques propriétaires de vouloir bien le semer dans leur jardin ; Il obtint qu'on en servît sur la table du roi, et fort de l'appui des grands, il eut recours au stratagème que voici :

Des plantations en grand ayant été faites par ses soins dans la plaine des Sablons, près Paris, il demanda qu'on fit garder cette précieuse récolte par des gens d'armes ; toutefois il recommanda aux sentinelles de s'éloigner pendant la nuit, pour laisser le champ libre aux maraudeurs que l'attrait si puissant du fruit défendu ne manquerait pas d'attirer. Cette innocente ruse eut un plein succès. On s'approcha d'abord avec crainte, puis voyant la garde en défaut, on vola quelques tubercules, on revint on en prit encore, chacun voulut en posséder. Chacun les emporta, les cultiva secrètement et pourtant, malgré ce pillage, la récolte fut magnifique.

Parmentier triomphait déjà lorsque les calamités de 1785, si funestes aux eéréales, vinrent achever sa victoire. Désormais l'œuvre du courageux agronome fut accomplie, la pomme de terre n'eut plus que des admirateurs et le peuple reconnaissant lui donna le nom de *Parmentière.*

Que de services n'a-t-elle pas rendus depuis cette époque ? En 1793, en 1846, en 1847, elle a sauvé la France des horreurs de la disette ; on dépavait les cours, on labourait les allées des jardins publics pour y planter des pommes de terre.

De nos jours enfin elle occupe le premier rang parmi les aliments les plus sains, les plus savoureux, les plus certains du pauvre et du riche.

Ce récit, mes enfants, contient pour vous une utile leçon.

Quand plus tard vous serez à la tête de vos propriétés ou de vos fermes, n'imitez pas la résistance, l'esprit de routine des temps passés. Soyez prudents, mais ne rejetez pas sans les connaître, les plantes nouvelles, les instruments perfectionnés, les machines inventées pour abréger ou faciliter votre travail. Suivez les bons exemples, essayez vous-mêmes, rappelez vous les travaux de l'école, servez-vous de votre instruction ; on n'est jamais trop habile pour faire de l'agriculture ; il arrive plus souvent qu'on ne l'est pas assez.

N'oubliez pas surtout que l'homme est fait pour rechercher, connaître, utiliser à son profit les créatures innombrables dont il est entouré ; mais que le Très-Haut lui a donné la science afin d'être adoré dans ses merveilles.

J'ai peu de mots à ajouter maintenant pour vous indiquer la manière de cultiver la pomme de terre dans vos jardins. Vous connaissez tous sa culture en grand, vous savez que pour la planter en plein champ on bêche la terre pendant l'hiver ; que vers le mois de mars on dépose dans le fond du sillon les pommes de terres entières ou coupées en morceaux, qu'on les recouvre ; que dans les premiers jours de mai, lorsqu'elles ont déjà poussé de 12 à 15 centimètres hors de terre, on les chausse, soit à la main, soit avec une petite charrue attelée d'un seul cheval, qu'on appelle pour cela la *houe à cheval* ; que plus tard on peut leur donner une seconde façon, et qu'au mois de septembre on les arrache pour les mettre à l'abri et les conserver pendant l'hiver.

La culture en petit, soit dans un verger soit dans un carré de jardin, est absolument la même ; mais on peut avancer ou retarder l'époque de la récolte en changeant l'époque des plantations, ou bien en employant des variétés plus hâtives ou plus tardives les unes que les autres.

Je comprends, me direz-vous, l'intérêt qu'on peut avoir à hâter la récolte; mais pourquoi la retarder? Il est fort utile d'avoir des pommes tardives pour l'hiver, elles se conservent plus fraîches et ne poussent pas aussi vîte que les primes; on recherche même une certaine variété que l'on appelle *paresseuse*, parce que sa végétation ne se réveille que vers le milieu du printemps.

Pour obtenir des pommes de terre hâtives, il faut planter à la fin de janvier, et couvrir un peu plus pour éviter les fâcheux effets des gelées tardives. On emploie pour cette plantation la variété jaune de Hollande dite *pomme de terre prime* ou bien encore la variété jaune longue dite *corne de bique*. Quelques personnes préconisent aussi la *violette hâtive*, excellente variété, très-savoureuse et très-productive.

Si vous voulez des pommes de terre *très-hâtives*, plantez au mois de novembre la variété connue sous le nom de *marjolin*, couvrez-la de 18 à 20 centimètres de terre, puis ajoutez une couche de fumier neuf. Dès la fin de janvier vous enlèverez d'abord le fumier, et, si le temps est beau, vous dégarnirez en enlevant la terre de manière à ne laisser sur l'œil de la pomme de terre qu'une épaisseur de 5 à 6 centimètres. Lorsqu'elle sera sortie et que les feuilles commenceront à se développer vous chausserez; vous chausserez encore lorsque les tiges auront pris tout leur développement. Par ce moyen, vous obtiendrez des tubercules mangeables vers la mi-avril. Notez bien que vous n'aurez pas besoin pour cela d'arracher le pied comme on le fait ordinairement. Il vous suffira de dégarnir, de fouiller un peu, de prendre quelques tubercules et de rapprocher avec soin la terre déplacée. Vous pourrez renouveler cette opération tous les sept ou huit jours jusqu'à ce que la plante soit épuisée

On force encore les pommes de terre sous chassis; pour cela on fait au mois de novembre des couches tièdes qu'on recouvre de 20 centimètres de terreau, de coffres et de panneaux. On plante les tubercules dans le terreau à 25 centimètres les uns des autres, on entoure les couches de réchauds, on couvre de paillassons quand il gèle et le plus ordinairement on obtient des tubercules au commencement de mars.

La *marjolin* et le petit *cornichon jaune* de hollande se prêtent fort bien à ce dernier genre de culutre.

Pour être complet sur cet intéressant sujet, je dois vous dire que la pomme de terre se reproduit parfaitement de semis. On retire des boules vertes qui succèdent aux fleurs une assez grande quantité de petites graines qui, semées au printemps en terre bien ameublie, produisent dès la première année, de petits tubercules gros comme une noix ; ces tubercules. plantés eux-mêmes l'année suivante, produisent des plantes vigoureuses et très-productives.

Il serait peut-être opportun d'employer plus souvent ce mode de multiplication. La pomme de terre qui, depuis bien longtemps, n'est reproduite que par des tubercules ou même des morceaux de tubercules, a dû nécessairement dégénérer ; les semis, je n'en doute pas, seraient un moyen puissant pour régénérer l'espèce.

SALADES ET FOURNITURES DE CUISINE.

TREIZIÈME LEÇON.

La Laitue.

Cette plante appartient à la famille des *composées ;* elle est originaire d'Asie.

Elle se divise d'abord en deux groupes ou

espèces ; les *pommées* et les *romaines* ou *chicons*. Les premières sont toujours arrondies et forment une pomme très-serrée ; les secondes sont allongées et moins serrées que les précédentes ; on est souvent obligé de les lier pour les faire pommer et blanchir.

Ces deux dernières espèces se divisent elles-mêmes en variétés ; la culture est assez simple et peut se continuer toute l'année par des semis et des repiquages successifs. Il faut une terre légère, bien fumée, beaucoup d'eau pour les cultures d'été, une bonne exposition ou des abris pour les cultures d'hiver.

Laitues d'été. — On commence à semer cette laitue dès la fin de mars, et on continue, comme il a été dit plus haut, de quinze jours en quinze jours pendant toute la saison. Lorsque le plant est suffisamment développé on le repique en planches à 30 centimètres environ, puis on arrose immédiatement pour favoriser la reprise.

Principales variétés :

Laitue Dauphine, légèrement teintée de pourpre.

Laitue blanche d'été, très-grosse et très-bonne.

Laitue maraîchère, beaucoup plus forte dans toutes ses parties, d'un vert plus foncé ; il lui faut beaucoup d'eau.

LAITUES D'HIVER. — On sème ces laitues dans la première quinzaine d'octobre, on les repique en place à la mi-novembre sur des plate-bandes au midi, le long d'un mur ou sur des côtières abritées ; elles passent l'hiver sans végéter, mais au printemps elles se développent rapidement et se mangent depuis la mi-mars jusqu'à la fin d'Avril.

Les principales variétés sont :

La laitue de la Passion.

La laitue rustique d'hiver, magnifique et très-précoce.

Enfin la *laitue Batavia ou silésie* à feuilles ondulées et d'un vert foncé, nuancé de pourpre.

Deux variétés se cultivent également pour être mangées dans le courant de l'hiver ; ce sont : la *laitue gotte* et la *laitue crêpe*. On les sème à la fin d'octobre ; on les plante à la mi-novembre sur de vieilles couches et on les recouvre de cloches ou mieux encore d'un coffre et d'un chassis. Ces deux variétés ont cela de remarquable qu'elles ne s'étiolent pas sous verre, qu'elles pomment facilement et promptement, puisque plantées en novembre elles peuvent avec des soins convenables, être mangées en janvier.

Laitues romaines ou Chicons. — Cette seconde espèce de laitue ne se cultive guère que l'été, on la sème au printemps et on la plante sur planches à 0,35 centimètres au-moins l'une de l'autre.

Quelques variétés pomment d'elles-mêmes, mais le plus ordinairement on les lie avec des joncs lorsqu'elles ont acquis tout leur développement, pour obtenir une pomme plus blanche et plus serrée.

Les trois variétés principales sont : *le chicon blanc maraîcher*, très-tendre et très-précoce ; le *chicon rouge*, plus rustique et plus tardif, et le *chicon de la madelaine*, blanc lavé de rose, excellente variété, très-lente à monter.

Toutes les laitues, lorsqu'elles sont laissées sur place, montent à graine dans le courant de l'été. La graine est mûre lorsqu'à la place de la fleur, on aperçoit de petites aigrettes plumeuses. On peut alors la récolter et la mettre à l'abri parce que les oiseaux en sont très-friands.

La Chicorée.

La chicorée est une plante annuelle de la famille des *composées*, on la mange ordinairement en salade, mais on la sert aussi bouillie, sous les fricandeaux ou sous la volaille.

On en connaît plusieurs espèces et un grand nombre de variétés.

La chicorée d'*Italie* et celle dite de *Meaux* se sèment sur couche, sans chassis ni cloches, depuis mars jusqu'en mai. Lorsque le plant est assez fort, on le repique en planches dans une terre légère et bien labourée; pendant l'été on peut semer à mi-ombre sur du terreau; je dis sur du terreau, car en terre ordinaire la graine de chicorée lève difficilement. Lorsqu'elle est en place, il faut l'arroser souvent, et, quand elle a pris tout son développement, on rassemble les feuilles avec la main et on les lie avec un jonc. Cette opération a pour but de faire blanchir le cœur de la plante.

La chicorée *fine d'hiver*, dite chicorée *mousse*, se sème en août et se plante fin septembre; elle est petite, très-fine et très-frisée; on ne la lie pas, il faut seulement la couvrir pendant les grands froids avec des feuilles mortes ou de la litière sèche.

La graine de chicorée est assez difficile à récolter; il faut la battre et la frotter deux ou trois fois pour la détacher.

Les porte-graines se conservent sur place pour la chicorée d'été et se plantent au printemps, dans un coin du jardin, pour la chicorée d'hiver.

La chicorée scarolle ou escarolle.

C'est une espèce à larges feuilles qui se cultive pour être mangée à la fin de l'automne ou pendant l'hiver. Sa culture est absolument la même que celle des chicorées proprement dites.

On en connaît trois variétés principales :

La *jaune de hollande*, très-touffue et plus hâtive que les deux suivantes ; on la sème en juillet, on la plante en août, on la lie dans les premiers jours de septembre et on la mange jusqu'à la fin d'octobre.

La *verte*, qui se sème fin d'août, se plante en septembre et se conserve soit sur place, en la couvrant de litière, soit dans les caves ou serres à légumes, enterrée dans le sable.

Enfin la scarolle à *cornet*, qui se cultive comme la précédente, qui craint encore moins le froid et qui a l'avantage de former une petite pomme et de blanchir sans couverture.

Le Pourpier.

Le Pourpier est une plante annuelle, originaire de l'Inde, qui donne son nom à une famille ; la famille des *portulacées* ; ses tiges et ses feuilles sont grasses, succulentes, et se mangent en salade.

On sème le pourpier dans une terre fraîche et légère ; la graine est très-fine et par conséquent ne veut pas être couverte. Lorsque le semis est fait, on met un paillis et on bat avec le dos de la pelle pour plomber la terre. Au bout de quinze jours le plant est déjà fort ; il faut l'arroser souvent avec la pomme, deux fois par jour au moins, pour qu'il conserve sa couleur jaune, qui est fort estimée. Quand on veut en avoir pendant tout l'été, on doit semer tous les vingt jours ; on commence au mois d'avril et on cesse vers la fin d'août.

Quelques personnes sèment du pourpier sur couche chaude et sous chassis dès le mois de janvier ; elles peuvent, dans ce cas, cueillir ses feuilles en février.

La graine se récolte sur des pieds qu'on a laissés fleurir au mois de juillet.

La Mâche.

Cette petite plante, herbacée annuelle, de la famille *des valérianées*, est indigène. On la trouve dans les champs, dans les prés et surtout dans les enclos qui avoisinent l'habitation.

Néanmoins, quand on veut la cueillir sans la chercher, et, comme on dit vulgairement, l'avoir sous la main, on peut semer à la volée, depuis la fin d'août jusqu'au commencement d'octobre, sur une terre non labourée, mais seulement nettoyée au rateau : on a le soin de piétiner après avoir semé et de couvrir avec une légère couche de terreau. Bientôt la plante naît, pousse, forme de petites rosettes vertes, que l'on coupe ras terre et que l'on mange en salade pendant tout l'hiver.

Pour avoir de la semence, on transplante au printemps quelques pieds dans un coin du jardin; ils fleurissent et portent graines; mais il faut les arracher dès qu'ils commencent à jaunir, car la graine se détache facilement et se répand sur la terre.

Il y en a deux variétés : celle à feuilles arrondies dite *de Hollande* et celle à feuilles plus longues qu'on appelle *Doucette*.

l'Oseille.

Plante indigène, vivace, de la famille des *polygonées*, l'usage de ses feuilles est fréquent en cuisine; elle se multiplie d'éclats, que l'on plante en bordure le long des passe-pieds, en laissant entre chaque plante un espace de 25 centimètres, parce que les touffes s'élargissent promptement. La plantation se fait à l'automne ; dès le printemps suivant on peut couper les feuilles. Chaque année, vers la fin d'octobre, il est bon de fumer l'oseille avec de la fiente de volaille ou de la cendre de lessive ; ainsi cultivée, elle dure de quatre à cinq ans. Après ce laps de temps, on l'arrache, on sépare les vieux pieds et on replante autant que possible dans un autre endroit.

Dans quelques pays, notamment aux environs de Paris, on sème l'oseille au printemps ; on en coupe les feuilles tout l'été et on la détruit à l'automne.

Je sais que des jardiniers fort habiles ont préconisé ce système ; mais je ne puis être de leur avis ; d'abord parce qu'il faut renouveler les semis chaque année, qu'ils peuvent manquer, que, dans tous les cas, on est privé d'oseille pendant l'hiver, ensuite, parce qu'on ne peut cultiver ainsi que l'oseille commune, tandis que par la séparation des touffes on multiplie l'oseille vierge dont les feuilles sont plus larges et plus tendres, mais qui ne donne pas de graines, ou du moins qui n'en donne que très-rarement et en très-petite qnantité.

Le Cerfeuil.

Indigène, annuel, de la famille des *ombellifères*; il faut le semer tout l'été de quinzaine en quinzaine, parce qu'il est d'un usage constant et qu'il monte très-vite; néanmoins celui que l'on sème au mois de septembre, ne monte qu'au printemps suivant.

Il vient en toute terre, à toute exposition, et demande surtout de fréquents arrosements pendant les chaleurs.

Les semis se font à la volée et se couvrent d'un paillis.

La variété à feuilles frisées est plus délicate; mais elle monte moins vite.

Je dois vous prévenir ici que vous trouverez souvent dans vos jardins, surtout dans les endroits humides, une variété de la ciguë, plante vénéneuse ou du moins très-malfaisante, dont les feuilles ressemblent à celles du cerfeuil. Il vous sera facile de la reconnaître : 1° par l'inspection des tiges et des pétioles qui sont toujours striés de petites taches brunes et qui portent dans toute leur longueur une raie pourpre foncée ; 2° en froissant entre vos doigts une portion de la plante ; son odeur fétide, bien différente de celle du cerfeuil qui est aromatique, agréable et connue de tout le monde, vous avertira suffisamment et préviendra toute erreur.

Le Persil.

Plante bisannuelle, de la famille des *ombellifères*, voisine du genre céléri ; indispensable dans un jardin, car elle entre comme assaisonnement dans la plupart de nos préparations culinaires.

Le persil aime une terre forte, substantielle, bien fumée ; on le sème au printemps, soit à la volée, soit en rayons. Il ne lève qu'au bout d'un mois et ne monte à graine que la seconde année ; le froid ne le fait pas périr ; mais quand il gèle ou que la neige couvre la terre, il est difficile de cueillir ses feuilles. Pour prévenir ce désagrément, les jardiniers soigneux ont l'habitude de planter à l'automne, sur couche froide et sous chassis, quelques pieds de persil qui poussent alors malgré les glaces et les frimats. Quand on n'a pas de chassis, on peut se contenter de transplanter le long d'un mur bien exposé et de couvrir avec des cloches.

Il a, comme le cerfeuil, une variété à feuilles frisées.

La Ciboulle.

Petit oignon vivace, originaire de Sibérie ; on le multiplie par la séparation des touffes épaisses qu'il ne manque pas de former au bout d'un an de plantation. Sa place accoutumée est en bordure le long des passe-pieds ; il faut replanter tous les trois ou quatre ans.

La ciboule s'accommode de toutes les terres, de toutes les expositions.

Ciboulette.

Ciboule en miniature, vulgairement appelée *appétit*. Elle est indigène et forme de petites touffes très-serrées ; on peut séparer ses touffes en mars et replanter immédiatement.

La cendre de lessive répandue sur les ciboulettes, pendant l'hiver, fait beaucoup de bien à ce petit végétal, qui, du reste, s'accommode comme la ciboule de toutes les terres, de toutes les expositions, et peut durer de huit à dix ans sans être changé de place ou renouvelé.

Echalotte.

Encore une plante bulbeuse de la famille des *liliacées*, tenant le milieu entre l'oignon et l'ail.

Dans une terre sèche, légère, bien labourée, on trace, au mois de février, des rayons à 20 centimètres les uns des autres, puis on y plante, à 0,05 cent. de profondeur, un caïeu d'échalotte, qui pousse promptement et forme une touffe de nouveaux caïeux que l'on arrache à la fin de l'été pour les conserver pendant l'hiver.

Dans une terre douce, humide, profonde, on plante de même au mois de novembre, en plaçant les caïeux à fleur de terre et en couvrant d'un lit de fumier long. La récolte se fait à peu près à la même époque.

Quand on voit jaunir les feuilles des échalottes avant le temps, on dit qu'elles échauffent ; il faut alors se hâter de les dégarnir en mettant les bulbes à découvert, on parvient ainsi quelquefois à arrêter les progrès du mal qui n'est autre chose que la pourriture.

L'ail.

Plante bulbeuse, indigène, de la famille des *liliacées*. On en fait une consommation considérable dans le Midi ; mais chez nous il n'est guère employé que comme assaisonnement ; du reste, il est sain, quelquefois utile pour augmenter l'activité de l'estomac, et sa vertu vermifuge est incontestable.

L'ail végète partout, cependant il préfère une terre légère, bien ameublie ; il produit des bulbes énormes dans les sables maritimes de l'Ouest, notamment aux environs de la Tranche, dans le département de la Vendée.

On le cultive de deux manières :

La première consiste à préparer et dresser des planches sur lesquelles on ouvre, à la fin d'octobre, des rayons de 4 centimètres de profondeur ; on y dépose à 15 centimètres les uns des autres des caïeux que l'on recouvre de terre et d'un bon paillis de fumier de cheval, ils ne réclament aucun soin, si ce n'est un léger binage au printemps ; puis, au mois de juillet, on les arrache pour les étendre et les laisser sécher à l'ombre pendant quelques jours, après quoi on les réunit en bottes et on les porte au grenier. Ces caïeux, ainsi plantés et cultivés, deviennent des bulbes plus ou moins gros qui, sous la même enveloppe, réunissent plusieurs caïeux qu'on appelle gousses. Qui de vous n'a vu, tenu et frotté sur son pain la *gousse d'ail.*

Si l'on suit la seconde méthode, on prépare les planches, on rayonne et l'on plante de la même manière ; seulement, au lieu de faire la plantation à la fin de l'automne, on ne la fait qu'au mois de mars. Cette différence n'influe pas sensiblement sur l'époque de la récolte ; mais, dans ce cas, le bulbe est unique et rond, c'est ce qu'on appelle l'ail de mars.

Il est des personnes qui mangent l'ail en vert. Dans beaucoup de pays, il est d'usage de manger une frottée d'ail le premier jour de mai ; ce qu'il y a de certain, c'est que l'ail vert ainsi frotté sur une tartine de pain, légèrement imbibée d'huile d'olive, devient, comme je l'ai déjà dit, un excellent spécifique contre les vers des enfants.

Estragon.

Plante appartenant à la famille des *composées*, vivace, aromatiqne, originaire de Sibérie ; elle se multiplie par l'éclat des pieds, en avril et mai.

On met quelques plants à 0 m. 30 centim. de distance, dans un sol bien labouré, léger, mais substantiel ; il est bon de couper les tiges à l'entrée de l'hiver et de couvrir les souches avec du terreau et même de la litière par-dessus, si l'on prévoit de fortes gelées.

L'estragon trace beaucoup, il envahit très-promptement le sol dans lequel on le plante ; ce qui oblige à renouveler les plantations tous les trois ou quatre ans.

Les tiges de l'estragon, une fois séchées au soleil comme du foin, servent à donner de l'odeur au vinaigre qui prend alors le nom de vinaigre à l'Estragon Cette qualité de vinaigre est excellente.

On plante quelquefois des pieds d'estragon dans de grands pots; ils y végètent très-bien et peuvent alors être rentrés l'hiver en orangerie.

Basilic.

De la famille des *labiées* ; on en connaît plusieurs espèces. Les plus connues sont le *basilic à larges feuilles* et le *basilic fin* ou à petites feuilles.

On cultive cette plante pour la délicieuse odeur aromatique que répandent ses feuilles qui sont employées en assaisonnement dans plusieurs de nos mets. Elle forme de petites touffes arrondies, très-ramifiées, hautes de 20 à 25 centimètres, garnies de feuilles de la grandeur de celle du myrthe dans le petit basilic et un peu plus larges dans la grande variété. Il faut à l'une et à l'autre beaucoup d'eau et de chaleur.

On sème au printemps sur couche, on recouvre d'une cloche, et lorsque le plant est assez fort, on le lève en motte pour le transplanter soit en pleine terre, soit en pot. Le basilic est à la fois une plante utile et agréable ; son port élégant, son odeur aromatique le font rechercher, surtout par les personnes qui exercent une profession sédentaire et qui aiment la société des végétaux. Qui n'a vu, maintes fois, sur l'échope du savetier ou sur la boutique du tailleur, ces jolies boules de verdure que l'on caresse de temps en temps et qui communiquent au doigt qui les touche un suave parfum.

Thym.

Petit arbuste de la famille des *labiées*, cultivé en bordure pour l'usage que l'on fait de ses pousses dans le bouquet des ragoûts. Multiplication par graines semées au printemps, mais beaucoup plus ordinairement par le séparage des touffes en hiver. Toute terre, toute exposition.

Piment.

Plante annuelle de l'Inde, de la famille des *solanées*, cultivée pour l'usage de ses fruits qui sont employés comme assaisonnement, ou que l'on conserve dans le vinaigre comme des cornichons.

On cultive plusieurs variétés de piment ; le *doux*, l'*ordinaire* et le *piment du Chili* sont les plus estimés.

Il y a plus de deux cents ans que le piment est connu en France.

On sème sur couche, en février ou en mars, ou sur terreau en avril. Lorsque les plants ont atteint une hauteur de 3 à 4 centimètres, on lève en motte et on plante en pleine terre, autant que possible le long d'un mur. Il demande beaucoup d'eau, s'élève sur un seul pied et forme une touffe très-verte dans le feuillage de laquelle ses fruits lisses, rouges ou jaunes, produisent un bel effet.

9*

Capucines.

Plante annuelle ; on croit qu'elle appartient à la famille des *geranium*. Les tiges sont flexibles, couchées, ou grimpent et s'appuient sur les tuteurs, espaliers ou treillages voisins.

Les fleurs de la capucine sont employées comme ornement de nos salades ; elles sont ordinairement d'un beau rouge orangé, qui a donné son nom à la couleur capucine.

La culture est facile, on sème au printemps le long d'un mur ou d'un espalier. Les capucines viennent partout ; elles préfèrent cependant l'exposition du levant, une terre légère et un peu fumée.

Aux fleurs de la capucine succèdent des fruits gros comme des pois ronds et sillonnés de rides. Ils peuvent être confits dans le vinaigre pour remplacer les *câpres*.

Les *câpres* sont produits par un arbuste fort délicat, qu'on ne voit guère que dans les jardins du Midi de la France. Je ne crois pas utile de vous en indiquer ici la culture.

LÉGUMES DIVERS.

QUATORZIÈME LEÇON.

L'Artichaut.

Ce beau végétal, de la famille des *composées*, est vivace, originaire de Barbarie et du midi de l'Europe.

Son importance comme plante alimentaire est universellement reconnue; inutile d'en parler, sa réputation est faite.

Je vous ferai cependant remarquer qu'il ne faut pas dire le fruit de l'artichaut en parlant de ce que l'on mange; ce n'est là que le bouton de sa fleur. C'est le réceptacle qui se trouve plus ou moins développé dans toutes les composées et qui est entouré d'écailles ou de feuilles coriaces, à talon charnu. Laissez ce bouton sur pied, il se développera bientôt, les écailles s'ouvriront, s'écarteront pour laisser paraître une touffe grosse et serrée d'innombrables fleurons d'une belle couleur bleu rosé, laissez encore cette fleur, elle se desséchera peu après sans perdre entièrement son coloris et si vous cherchez au fond du réceptacle vous trouverez presque autant de graines qu'il y avait de fleurons.

Les variétés les plus remarquables, sont : le *gros blanc* dit de Niort (deux-sèvres) le *vert* dit de Laon, le *camus* de Bretagne, plus précoce que les deux précédents, mais moins charnu et moins savoureux, le *violet hâtif*, très-petit mais recherché pour manger cru à la sauce poivrade.

L'artichaut demande une terre profonde, fraîche, substantielle ; il vient très-bien dans les terres fortes lorsqu'elles sont largement fumées.

Cette voracité s'explique par la longueur et la grosseur de ses racines qui forment au bout de trois ou quatre ans des souches énormes.

Dans quelques pays on sème l'artichaut ; mais ce mode de multiplication est généralement abandonné parce que les semis donnent presque toujours des espèces dégénérées.

On s'en tient, pour nos contrées, à la plantation des rejettons, œilletons ou drageons.

Cette plantation se fait au printemps, dans un sol bien labouré, bien fumé. On y place les œilletons à 1 mètre les uns des autres en tout sens et en échiquier, soit au moyen d'un gros plantoir, soit en faisant avec la bêche des trous de 25 à 30 centimètres de profondeur ; dans les deux cas il faut sceller fortement la terre autour du pied, afin que l'air ne pénètre pas.

On peut, après la plantation, utiliser l'intervalle qui reste libre entre les rangs par une culture de salade ou quelques semis de radis. Pendant l'été qui suit la plantation, il faut arroser souvent les nouveaux plants et donner quelques binages au terrain.

Si la mouillure et les soins de propreté ne manquent pas, une grande partie du plant donnera des fleurs à l'automne ; dans ce cas on doit couper avec soin, et le plus près possible du collet, toutes les tiges qui ont monté aussitôt qu'on a récolté les têtes.

Vers le mois de novembre, lorsque les gelées deviennent sérieuses, on raccourcit un peu les plus grandes feuilles des artichauts sans endommager le cœur, puis on ramasse la terre autour du pied, de manière à former un cône au sommet duquel se montrent les feuilles qui ne doivent jamais être entièrement couvertes, c'est ce qu'on appelle *affrouer* ou *butter*. Quand le froid devient rigoureux, on couvre le sommet de ce cône avec des feuilles ou de la litière sèche qu'on a soin d'enlever si le temps devient doux, et de remettre si le froid reprend.

Quand les gelées ne paraissent plus à craindre, on peut enlever définitivement les couvertures, rabattre les buttes de terre et donner un bon labour. Puis, un peu plus tard, on déchausse chaque pied pour séparer les œilletons trop nombreux et ne laisser que les deux ou trois plus beaux ; cette opération se fait, autant que possible, par un temps doux et couvert. Il faut, si l'on veut se procurer de nouveaux plants, détacher chaque œilleton avec soin, de manière à conserver son talon avec quelques racines, condition essentielle pour la reprise.

La récolte ordinaire des têtes d'artichauts commence à la mi-mai pour se continuer jusqu'à la fin de juin ; cette récolte une fois terminée, on coupe les tiges ras terre, quelques personnes prétendent même qu'il est mieux de les arracher, sans toutefois endommager les œilletons qui poussent autour, puis on nettoie le terrain en donnant un demi-labour.

Les pieds ne sont en bon rapport que pendant cinq ans, d'où il suit que pour ne pas avoir d'interruption, il faut, la quatrième année, faire un nouveau carré, qui remplacera celui qui va finir.

L'Asperge.

Vivace, indigène de la famille des *liliacées*, tribu des *asparagées*, racines grosses, charnues, qui tiennent le milieu entre les *tubéreuses* et les *fibreuses* ; on les nomme ordinairement *pattes* ou *griffes*. Sa tige verte, rameuse, produit de petites fleurs jaunâtres et des boules ou baies rouge vermillon qui contiennent la graine ; puis à la fin de l'automne elle jaunit et meurt ; mais elle repousse au printemps, et c'est au moment où elle sort de terre, encore blanche, terminée par un bourgeon violet, succulent, qu'on la cueille, ou plutôt qu'on la détache de la souche au moyen d'un instrument en fer appelé *gouje*.

Ce légume est justement recherché comme aliment sain, agréable au goût, et, dans quelques cas, utile à la santé.

Semis. — L'asperge se multiplie de graines semées en pépinière sur une terre saine, bien ameublie et légèrement amendée avec des terreaux sablonneux.

Le semis peut se faire au mois d'octobre ou mieux dans les premiers jours de mars. Il lève au bout de trois semaines ; si le temps est sec, il faut donner quelques arrosements, biner et nettoyer jusqu'au moment où les tiges se dessèchent et disparaissent pour ne repousser qu'au printemps suivant. A cette époque on nettoie de nouveau le terrain, on arrose pendant la sécheresse, on bine quelquefois pour ôter les mauvaises herbes, on continue enfin les soins de la première année jusqu'à l'hiver. C'est à la fin de ce second hiver qu'on peut arracher les griffes déjà fortes pour les mettre en place.

Travaux préparatoires pour la planta-tion. — La préparation du terrain pour planter à demeure est basée sur les trois principes suivants : 1° L'asperge craint beaucoup l'humidité stagnante à la racine ; 2° Cette racine atteint jusqu'à 60 ou 80 centimètres de longueur quand elle trouve une terre à son gré ; 3° La souche tend toujours à s'élever et à remonter vers la surface de la terre. En conséquence, quand on veut faire un carré d'asperges, il faut : 1° Défoncer le sol à un mètre de profondeur, assainir le fond au moyen d'un drainage de gros sable, de cailloux, de genêts ou de bruyère ; 2° rapporter sur le drainage des terres légères, sablonneuses, bien divisées et même passées à la claie ; 3° laisser la surface du carré, après la plantation, à 15 ou 20 centimètres en contrebas du sol du jardin, afin de pouvoir, chaque année, charger ce carré d'une couche de 8 à 10 centimètres de bon terreau mêlé de fumier bien consommé.

Plantation. — Quand le drainage est établi, on le couvre de 15 centimètres de terre, puis on marque avec un petit piquet la place de chaque patte. Ces piquets doivent être placés en échiquier, à 50 centimètres les uns des autres en tous sens. Inutile de dire que pour obtenir l'alignement et la régularité de chaque rang, il sera bon de se servir du cordeau. Les places une fois déterminées, on recouvre chaque piquet d'un petit monticule en forme de cône, de 20 à 25 centimètres de hauteur, puis on établit la griffe ou patte sur le sommet du cône en arrangeant les racines avec soin, tout autour et le long de ses flancs, après quoi il n'y a plus qu'à combler avec la terre préparée comme dessus, de manière à ce que la souche se trouve recouverte de 10 à 12 centimètres. La plantation faite, les soins consistent à arroser, si l'été est trop sec, à biner, sarcler, nettoyer jusqu'au moment où les tiges sont jaunes et sèches.

A la fin d'octobre, il faut couper toutes

les tiges desséchées et couvrir d'un paillis de fumier long.

Vers le mois de mars, on enlève le paillis, on donne un léger binage avec une fourche à trois doigts, on charge de 3 à 5 centimètres de terreau. Ces mêmes soins doivent être continués pendant trois ans avant de commencer la récolte des tiges d'asperges ; ce n'est qu'au printemps de la troisième année que vous devez cueillir les plus grosses, ayant soin de laisser monter les plus faibles pour ne pas fatiguer les pattes encore jeunes.

La quatrième année, le carré est en plein rapport ; mais, je vous conseille de ne jamais l'épuiser, c'est-à-dire qu'il faut cesser la récolte vers la fin de juin, de manière à laisser monter au moins 2 ou 3 tiges par griffes. Quant aux soins, ils sont toujours les mêmes : suppression des tiges à l'automne, couverture de fumier long pour l'hiver, binage avec chargement de terreau au printemps.

Quelques personnes, au lieu de semer pour se procurer du plant, achètent des griffes toutes venues ; certains jardiniers en font l'objet d'un commerce assez important. Les plus recherchées pour notre pays sont celles de *Machecoul*, près Nantes ; on préconise aussi celles d'*Ulm*, de *Besançon*, de *Vendôme*.

Quant aux variétés, je n'en connais que deux principales : la *verte* ou commune, et la *grosse violette* dite de Hollande.

Quand on ne veut pas, quand on ne peut pas sacrifier un carré tout entier pour planter des asperges, on peut défoncer une planche, drainer le fond, remettre la terre ou de bon terreau et semer pour laisser en place.

Dans ce cas, il est nécessaire de semer très-clair, à rayons, et d'éclaircir dès la première année, de manière à laisser un espace de 40 centimètres entre chaque pied. Si l'opération est bien faite et que les soins ne manquent pas, on cueillera les premières asperges au printemps de la quatrième année.

Culture forcée. — Le plus ordinairement pour forcer cet excellent légume, on le cultive en planches comme il vient d'être dit, et dès le mois de janvier on creuse les passe-pieds pour les remplir de fumier chaud que l'on renouvelle tous les 15 jours.

D'autres fois, on fait une couche chaude que l'on recouvre de 15 centim. de terreau, d'un coffre et d'un chassis ; puis, on plante dans le terreau de vieilles pattes d'asperges prises dans un carré que l'on se propose de détruire. S'il vient du froid, on met des réchauds de fumier tout autour de la couche, et par ce moyen, on se procure des asperges trois semaines environ après l'établissement de lacouche.

Le Céléri.

Il appartient à la famille des *ombellifères,* indigène, bisannuel. On en distingue deux espèces qui se cultivent généralement dans les jardins : 1° le *céléri-rave,* dont la racine grosse et charnue se mange cuite à l'exclusion des feuilles ; 2° le *céléri long* ou *à fosse*, dont on mange la racine et les feuilles que l'on fait blanchir en les butant avec de la terre. L'une et l'autre se sèment en avril sur des planches bien ameublies ; la graine, extrêmement fine, doit être peu couverte. On laisse le céléri sur place jusqu'au moment de la transplantation.

Pour le céléri-rave, on repique en rayons vers la fin de juin et jusqu'en juillet, en laissant 25 centimètres entre chaque plant, puis on arrose et on donne des binages. On peut commencer à recueillir les racines à la fin d'octobre ; on continue à les manger pendant l'hiver. Dans ce cas, on laisse en place, car le céléri ne craint pas la gelée ; cependant, si le froid devenait trop rigoureux, on pourrait couvrir les planches de feuilles sèches ou de litière.

Le céléri-fosse se plante au fond d'une petite tranchée de 50 centimètres de profondeur.

Lorsque la tranchée est ouverte, on a soin d'en labourer le sol inférieur, puis on plante sur deux rangs. Les arrosements doivent être fréquents, la plante dont il s'agit aime beaucoup l'eau. Quand elle a atteint 25 ou 30 centimètres de hauteur, on lie chaque pied avec un petit jonc, sans trop le serrer, puis on fait couler la terre de la tranchée de manière à la combler de 8 centimètres environ ; on arrose encore, et lorsque le céléri s'est allongé de 20 centimètres, on recommence l'opération que l'on renouvelle jusqu'à ce que toute la terre de la tranchée ait été employée.

Pour manger le céléri, on fouille la tranchée de manière à l'arracher sans le casser.

Il y a plusieurs variétés de céléri-fosse : 1° le *plein blanc*; 2° le *turc*; 3° le *gros violet de Tours*. Pour le céléri-rave, on préfère le *court hâtif* et la variété à *feuilles frisées*.

La graine se récolte sur des pieds qui ont passé l'hiver en terre et qui montent au printemps.

Epinard.

Plante annuelle, de la famille des *chéno-podées*, originaire de l'Asie septentrionale.

Pour avoir des épinards en toute saison, il faut semer de mois en mois, en rayons espacés de 15 à 16 centimètres sur une terre bien fumée, naturellement fraîche ou largement arrosée.

Pendant l'été, on doit semer dans une situation un peu ombragée, afin que le plant ne monte pas aussi vite. On peut commencer la culture de l'épinard dès le mois de février, et ne cesser qu'au mois d'octobre; ce dernier semis donnera des feuilles à couper pendant une partie de l'hiver.

Pour se procurer de la graine, on laisse monter une planche semée au mois de mai.

Les nombreuses variétés de l'épinard se divisent en deux sections : *Epinards à graines épineuses, épinards à graines rondes et sans épines.*

Dans la première section se trouvent : L'*épinard commun* et celui d'*Angleterre*, à feuilles plus larges et plus épaisses.

Dans la seconde, on cultive l'*épinard de Hollande*, l'*épinard de Flandres*, l'*épinard à feuilles d'oseille* et l'*épinard blond*.

Quoi qu'on puisse dire, je conseillerai toujours l'épinard *commun* à graines épineuses, comme le moins délicat, le plus productif et le plus facile à cultiver.

Le salsifis ou cercifis.

Il appartient à la famille des *composées;* indigène, bisannuel, racine pivotante, longue et menue. Terre profonde, bien labourée. La graine craint beaucoup l'humidité, se sème en mars et en avril et sé laisse en place, il faut arroser quand le temps est trop sec, et ne commencer la récolte des racines qu'à la fin d'octobre.

La plante passe l'hiver en terre, fleurit au printemps pour donner des graines munies d'aigrettes soyeuses à l'aide desquelles elles s'envolent au moindre vent. Il faudra donc, par exception, les récolter dès le matin, avant que le soleil n'ait fait ouvrir les bractées qui les entourent.

Il est impossible de faire cette récolte d'un seul coup, on sera obligé d'y revenir au fur et à mesure que chaque tête sera bonne à cueillir.

On cultive de même la *scorsonère* dont la racine est noire ; elle diffère du salsifis en ce qu'on ne la mange ordinairement que la seconde année.

Raves et Radis.

De la famille des *crucifères*, annuel, originaire de la Chine.

Vous connaissez tous cet excellent légume qui se croque tout cru et qui, par son goût piquant, excite l'appétit. On sème les radis et les raves toute l'année ; leur végétation s'accomplit dans le court espace d'un mois et quelquefois moins.

On peut en obtenir pendant l'hiver en semant sur couche, et pendant tout l'été en semant en pleine terre sur des planches bien préparées. On arrose assez copieusement pour que la racine soit plus tendre. J'oubliais de vous dire que le semis doit être fait à la volée. Quant à la graine, elle se récolte à la fin de l'été, sur des pieds qu'on a laissé monter.

Le radis est rond et un peu allongé, il y en a de trois couleurs : *rouge, violet* et *blanc*. On en connaît aussi une variété qu'on appelle *radis d'hiver*, il est noir ou rose clair, beaucoup plus gros que le radis ordinaire, sa chair est ferme et très-piquante.

La *rave* est ordinairement rose ou rouge, elle est beaucoup plus longue que les radis ; il lui faut, par conséquent, une terre plus légère et plus ameublie.

La Tomate.

La tomate est une plante annuelle, originaire du Mexique; elle appartient à la famille des *solanées*; son fruit, de forme assez bizarre, est gros, vert d'abord et rouge vif à l'époque de sa maturité. C'est la pulpe de ce fruit qui, réduite en purée et convenablement assaisonnée, se mange en sauce immédiatement, ou se met dans des vases pour être conservée et mangée plus tard.

On sème dès le mois de mars sur couches avec couverture de cloches ou de chassis. On repique en pleine terre au midi lorsque les gelées ne sont plus à craindre. L'espace entre chaque pied doit être de 60 centimètres au moins.

Lorsque la plante est forte et qu'elle a atteint une hauteur de 40 centimètres, il est utile de l'arrêter en pinçant le sommet des tiges; on peut aussi lui donner un tuteur ou la palisser sur un treillage. Plus tard, quand les fruits sont formés, il est fort utile d'ôter les feuilles qui les cachent, de manière à ce qu'ils soient soumis à l'action du soleil et qu'ils puissent ainsi mûrir de bonne heure.

La tomate aime une terre légère mais substantielle ; une bonne exposition, des arrosements fréquents pendant l'été, beaucoup d'air vers la fin de la saison.

Quelques jardiniers ont réussi à les forcer sous chassis ; mais cette culture est difficile à cause de l'humidité.

Les variétés les plus connues sont : La *grosse rouge*, la *grosse jaune*, la *petite rouge* et la *tomate cerise.*

Pour se procurer la graine, il faut cueillir les plus beaux fruits ; les laisser pourrir dans un endroit sec, puis les laver pour séparer la pulpe de la semence qu'on étend ensuite sur une planche ou sur un linge pour obtenir la dessication.

Le Concombre.

Le concombre est une plante annuelle originaire de l'Inde, famille des *cucurbitacées*.

Voici les principales variétés :

Le *blanc long*, le *blanc hâtif*, le *jaune long*, le *vert long*, le *petit vert* ou cornichon , particulièrement estimé pour confire dans le vinaigre.

On cultive aussi le concombre *serpent*, ainsi nommé parce que sa forme est très-allongée et très flexueuse. Il est curieux, mais ne se mange pas. On pourrait cependant le confire dans le vinaigre comme le cornichon ; il faudrait pour cela le cueillir avant qu'il ait atteint son entier développement.

On sème les concombres sur couche et sous cloche à la fin de mars. Lorsqu'ils ont quatre feuilles, y compris les cotylédons, on les transplante, à 1 mètre les uns des autres, dans une terre bien fumée, bien ameublie ou même amendée par l'addition de bon terreau. Si vous craignez encore les gelées blanches, couvrez chaque pied d'une cloche que vous enlèverez vers la fin de mai.

Il est bon de pincer la tige principale au dessus du deuxième œil pour forcer la plante à se ramifier. Les concombres n'exigent, après cette opération, d'autres soins que les binages et les arrosements fréquents.

Quelques personnes sèment à la fin d'avril pour laisser sur place. Dans ce cas on fait, sur une planche bien labourée et bien fumée, des trous de 50 centimètres de diamètre sur 30 centimètres de profondeur; on comble ces trous avec du terreau, on met au centre quatre graines que l'on enfonce à 2 ou 3 centimètres environ, puis on recouvre de cloches. Lorsque les graines sont levées et que la première feuille, après les cotylédons, est bien développée, on arrache les deux pieds les plus faibles pour laisser les deux plus forts, on enlève les cloches, on pince, on bine et on arrose comme je l'ai dit ci-dessus.

Enfin, si vous n'avez pas de cloches, semez dans la première quinzaine de mai, en pleine terre, et vous aurez encore une bonne récolte.

Culture forcée. — Dans les villes, on force le concombre pour le manger en salade. Par ce moyen, on peut obtenir des fruits de la fin d'avril à la mi-mai.

Semez en décembre ou janvier, dans de petits pots que vous mettez sur couche chaude et sous chassis. Couvrez de paillassons pendant les premiers jours, mais donnez de la lumière aussitôt que vos graines seront levées ; toutefois couvrez le soir, surtout quand il gèle.

Préparez le long d'un abri en plein midi une autre couche de fumier chaud sur laquelle vous établissez un coffre. Mettez dans ce coffre 15 centimètres de terreau substantiel et couvrez d'un chassis. Quand le coup de feu ne sera plus à craindre, plantez vos jeunes pieds de concombre sans endommager la motte ; placez-en trois en triangle sous chaque coffre ; enterrez-les jusqu'aux cotylédons et pincez au dessus du premier œil. Couvrez la nuit, doublez même les couvertures si le froid est rigoureux.

Lorsque la couche aura jeté sa première chaleur, entourez-la d'un bon réchaud que vous renouvellerez tous les quinze jours. Donnez un peu d'air au milieu du jour si la température extérieure le permet.

Quand les jeunes plants commenceront à se ramifier, pincez chaque branche au dessus du troisième œil ; continuez vos soins, arrosez quelquefois, et je crois pouvoir vous promettre un succès complet.

les Courges.

Vous connaissez tous le fruit énorme que vous appelez *citrouille;* vous en avez vu de toute grosseur, de toute forme, de toute couleur.

Vous vous rappelez sans doute les réflexions de ce brave homme qui, couché sous un chêne, trouvait fort mauvais que le bon Dieu n'eût pas attaché les citrouilles aux branches vigoureuses du roi de nos forêts. La leçon ne se fit pas attendre : un gland se détacha tout juste pour lui tomber sur le nez. — Corbleu ! dit-il, c'en était fait de moi, si c'eût été une citrouille ; le Créateur a fort bien fait de ne pas suspendre ces fruits si lourds aux branches des arbres, et de leur donner la terre pour appui.

Oui, sans doute, mes enfants, en cela comme en bien d'autres choses, il nous faut admirer la prévoyance et la sagesse infinie du souverain maître de l'univers. Tout est prévu, tout est bien, et chaque fois que nous murmurons contre les décrets de la Providence, nous sommes des ingrats.

Donc, les *courges* ou citrouilles sont annuelles, originaires des pays chauds, de la famille des *cucurbitacées*.

Elles sont pourvues de tiges rampantes, de feuilles larges, à l'aisselle desquelles sortent les fleurs, puis les fruits qui, ne pouvant se soutenir, retombent bientôt sur la terre pour y prendre à l'aise un accroissement quelquefois considérable.

La plante est monoïque, c'est-à-dire qu'elle porte sur le même pied des fleurs mâles qui n'ont que des étamines, et des fleurs femelles qui n'ont que des pistils. Or, ces dernières sont ordinairement fécondées par le pollen des premières; mais très-souvent il arrive aussi qu'elles reçoivent volontiers la poussière fécondante des autres plantes de la même famille qui se trouvent dans les environs.

Il suit de là que nous possédons déjà des variétés presque innombrables et que le nombre s'augmente encore chaque jour. Il me serait donc impossible de vous en donner ici la liste.

Voici comment un savant horticulteur, M. *Naudin*, après avoir fort habilement débrouillé ce chaos, a cru devoir classer les principaux types de nos courges cultivées :

1° La *grosse courge*, pédoncules renflés, striés, feuilles larges à lobes arrondis, découpures peu profondes. Tous les *potirons*, les *giraumons*, la *courge turban*, celle de l'*Ohio*, de *Valparaiso*, etc., se trouvent dans cette catégorie.

2° La courge *Pepo*, pédoncules minces présentant cinq canelures, feuilles profondément découpées, couvertes de poils rudes presque épineux. On peut ranger sous cette dénomination commune, les citrouilles de *Touraine* et du *Bocage de la Vendée*, la *courge sucrée du Brésil*, celle dite à la *moelle*, les *coloquintes*, les *gourdes*, etc.

3° La courge *Moschata*, pédoncule faiblement canelé, très-élargi vers le fruit, feuilles à lobes très-profonds, poils nombreux, mais doux. Elle comprend les courges *pleines de Naples* et la courge *portemanteau*.

La culture est bien facile.

On sème au commencement d'avril sur

11

une couche, soit dans de petits pots, soit dans le terreau qui recouvre la couche. On couvre d'une cloche en cas de gelée, puis lorsque les pieds sont assez forts, on les met en place dans une terre préparée d'avance. Il faut mettre les pieds à deux mètres au moins les uns des autres, parcequ'ils prennent ordinairement un développement considérable.

On peut aussi pratiquer des fosses de forme ronde comme pour les concombres, remplir les fosses de terreau et semer sur place, fin d'avril.

Lorsque les courants se sont allongés et que les fruits commencent à se former, il est bon d'enterrer ces courants de distance en distance, comme si on voulait faire une marcotte. Il se forme par suite, à l'aisselle des feuilles, quelques racines adventives qui nourrissent le fruit en lui portant leur contingent de sève et de sucs alimentaires.

En général, les courges ne reçoivent aucun pincement, aucune taille; néanmoins, quelques jardiniers coupent la première tige au-dessus du troisième œil et pincent les branches qui portent des fruits au dessus du deuxième œil après ces fruits.

Dans la plupart des variétés, la maturité n'est complète qu'à la fin d'octobre ; mais on pourrait les cueillir avant cette époque, et les manger cuits comme des concombres; ils sont excellents. Ainsi, c'est à tort qu'on rejette ceux qui sont supprimés par la taille ou qui forment en retard et qui n'ont pas le temps de mûrir.

Enfin, outre les espèces comestibles, on cultive dans les jardins un grand nombre de cucurbitacées sous le nom de *cougourdes, pélerines, bouteilles longues, bouteilles plates, cors de chasse, coloquintes,* etc.

Leurs fruits bien mûrs, bien secs et vidés avec soin, forment des vases solides et légers qu'on peut employer pour mettre des liquides, ou pour conserver des graines fines.

Leur culture diffère peu de celle des courges ; il faut seulement leur donner un appui, parce que leurs tiges grimpant et s'enroulant facilement autour des rames, le long des espaliers, des treillages, etc., il en résulte que les fruits reçoivent l'impression du soleil de tous les côtés, qu'ils mûrissent mieux et qu'ils ne sont pas déformés par leur pression sur le sol.

Toutes les plantes de la famille des cucurbitacées, les courges en tête, aiment la terre légère, les engrais et les arrosements.

Le Melon.

Encore un beau présent du ciel. Fruit savoureux, parfumé, toujours plein d'une eau fraîche et sucrée qui désaltère et flatte agréablement le palais pendant les chaleurs de l'été.

La Providence le fait naître spontanément dans les contrées chaudes de l'Asie ;

mais nous l'avons depuis longtemps acclimaté chez nous. Il est, comme les concombres et les courges, de la famille des *cucurbitacées;* comme eux, il dégénère facilement par suite du mélange des pollens ; aussi les jardiniers ne manquent pas de l'éloigner autant que possible de toutes les plantes de la même famille qui pourraient en altérer la forme et le goût.

Il y a plus, les diverses espèces se nuisent entre elles ; pour les conserver pures, il faut les cultiver séparément.

On ne connaissait autrefois que les melons *brodés* ou *maraichers;* mais peu à peu les horticulteurs ont introduit des espèces bien préférables, tant sous le rapport du volume que sous le rapport de la qualité ; ainsi de nos jours les diverses variétés de l'espèce dite *cantaloup*, paraissent avoir détrôné presque complétement lés *brodés* qu'on ne voit plus que dans les campagnes et chez quelques jardiniers fort arriérés.

CLASSIFICATION.

Je divise d'abord les melons en deux grandes séries.

1º Ceux à chair rouge.

2º Ceux à chair blanche ou verdâtre.

Puis je fais une seconde division en trois races principales ou espèces qui comprennent chacune un grand nombre de variétés plus ou moins pures. Je citerai seulement les plus estimées et les plus généralement connues.

PREMIÈRE RACE. — *Melon brodé* ou *maraicher*, de forme ronde ou allongée sans côte, grosseur moyenne, saveur médiocre.

VARIÉTÉS. — *Sucrin de Tours*, rond, chair rouge, très sucrée. *A petites graines*, rond, petit, chair rouge, fruit très-plein et très-hâtif. *Sucrin à chair blanche*, très-parfumé, fondant, rustique. *Ananas à chair verte*, rond, petit, à côtes peu prononcées, très-bon et très-hâtif.

SECONDE RACE. — *Cantaloup*, chair rouge,

forme ronde couverte de *verrues* ou *gales*, goût vineux excellent.

VARIÉTÉS. — *Prescott fond blanc*, le plus cultivé et le plus estimé, forme ronde aplatie, côtes galeuses, d'un vert blanc, chair rouge et ferme. *Petit prescott fond blanc*, plus petit et plus hâtif que le précédent. *Prescott fond noir*, forme ronde, côtes très-prononcées et très-galeuses, chair rouge, délicieux. *Noir des Carmes*, forme ronde, aplatie, côtes peu prononcées, écorce d'un vert noir, chair rouge très-parfumée. *Boule de Siam*, forme ronde, côtes peu prononcées, sans gale, chair rouge pâle, fondante, parfumée; moins hâtif que les précédents. *Gros de Portugal*, fruit énorme, forme ronde, quelquefois un peu allongée, côtes prononcées, couvertes de gales plus grosses que des noix, chair rouge, moins délicate et moins parfumée que celle des prescotts. *Petit orange*, rond, très-petit, chair rouge très-parfumée, excellent pour forcer sous châssis. *Cantaloup à chair verte*, forme ronde légèrement aplatie, côtes assez prononcées, chair verte très sucrée. *A chair blanche*, à peu près le même que le précédent. D'*Alger*, fruit moyen, arrondi, gales nombreuses, chair rouge, rustique et fertile.

TROISIÈME RACE. — *Melons unis*, ils ont généralement beaucoup d'eau, le goût est sucré, mais peu relevé.

VARIÉTÉS. — *Melon de Malte*, à chair rouge et à chair blanche, fruit moyen de forme allongée, à écorce lisse, fondant et sucré. *Muscade des Etats-Unis*, petit, fond vert, très-allongé, un peu brodé, chair verte, fondante. *Melon d'hiver*, chair blanche et rouge, écorce lisse, chair fondante, d'une saveur assez relevée. Il se conserve, dit-on, jusqu'en janvier. Enfin la *Pastèque* ou *melon d'eau*, fruit rond, écorce lisse d'un vert noir rayé de jaune ou de blanc, chair blanche, à peine mangeable dans le midi de la France, cultivé chez nous pour faire des confitures.

CULTURE.

On a fait sur la culture du melon une foule de livres et de mémoires plus ou moins étendus, plus ou moins précis; chacun a voulu donner ses principes sur les semis, la plantation, la taille de cette plante délicate et recherchée.

Il en est résulté beaucoup de divergences dans les opinions, de diversité dans les moyens indiqués, et nécessairement un peu de confusion pour la pratique.

Ici, mes enfants, il vous faut, je le sens bien, quelque chose de clair, de simple, de facile à comprendre comme à exécuter. Je vais donc faire tous mes efforts pour vous satisfaire.

Le melon craint non-seulement la gelée, mais encore les brouillards et les froids humides du printemps; il ne faut pas songer à le cultiver en plein air avant la fin d'avril ou les premiers jours de mai. Il se plaît dans un sol léger bien ameubli, bien fumé ou mieux encore dans un bon terreau de jardin mélangé de débris de couches ; il aime surtout les terres neuves et substantielles, le grand air et le plein soleil.

Au plus fort de sa végétation il demande des arrosements fréquents sur les feuilles et plus rares sur le pied même de la plante.

Il pousse avec tant de vigueur qu'il faut, pour le forcer à se ramifier et à donner des fruits, arrêter dès sa jeunesse la tige principale et pincer ensuite successivement les branches latérales à mesure qu'elles se développent.

Il faut aussi retrancher quelques-uns des fruits, quand ils sont trop nombreux, pour n'en laisser que quatre ou cinq au plus sur chaque pied.

Voilà les principes généraux ; passons à l'application et aux détails.

Pour la culture en plein air, préparez votre terrain au commencement d'avril, dressez les planches, nivelez, passez le rateau, puis à la fin du mois, si le temps est beau, faites dans chaque planche, à un mètre cinquante centimètres les uns des autres et de manière à ce qu'ils se trouvent alignés dans tous les sens, des trous de quatre-vingts centimètres de largeur sur cinquante-cinq centimètres de profondeur, remplissez ces trous de fumier de cheval bien chaud, tassez fortement et recouvrez d'une couche de terre provenant du trou que vous mélangerez avec du terreau, de manière à former une élévation de vingt centimètres au moins au-dessus du niveau de la planche; nivelez avec soin le dessus de cette élévation au centre de laquelle vous pourrez, au bout de quatre à cinq jours, semer trois graines de melon.

Quand les graines seront levées et que la première feuille se sera développée au-dessus des cotylédons, vous arracherez les deux pieds les plus faibles et vous laisserez seulement le plus vigoureux ; quelques personnes, je le sais, laissent deux pieds par trou ; je ne puis vous engager à agir ainsi ; car l'expérience m'a prouvé depuis longtemps que si, par cette méthode, on obtient quelques fruits de plus, ils sont toujours moins gros et moins bons.

Aussitôt que vous pourrez pincer avec les ongles du pouce et de l'index l'œil qui se montrera au milieu entre les deux premières feuilles, vous ferez cette opération et vous aurez soin de saupoudrer la plaie avec une pincée de terre bien sèche. C'est ce qu'on appelle *châtrer*.

Vous enlèverez en même temps, à l'aide d'un elame de canif, les deux petits bourgeons que vous apercevrez à l'aisselle des cotylédons. C'est ce qu'on appelle *rabattre sur les oreilles*.

Plus tard vous verrez sortir au dessus des deux feuilles principales deux bras que vous laisserez se développer jusqu'au cinquième nœud, puis vous les pincerez au dessus de la cinquième feuille et vous laisserez croître librement toutes les branches que fera développer cette taille ; seulement, lorsque les fruits seront noués, c'est-à-dire quand ils seront gros comme des noix, vous choisirez ceux que vous voulez garder, vous supprimerez les autres et vous pincerez les branches qui portent les bons fruits à un œil au dessus de ces fruits.

Une longue pratique m'a fait reconnaître qu'au moyen de cette taille simple et facile, on pouvait obtenir des résultats aussi satisfaisants, plus satisfaisants peut-être que par ces mutilations répétées qui énervent le sujet et nuisent à la qualité comme au volume des fruits.

Inutile d'ajouter que vous arroserez pendant la chaleur une fois au moins tous les deux jours sur les feuilles, et une fois tous les cinq jours sur le pied.

Il ne vous reste plus qu'a cueillir vos melons quand ils sont mûrs; mais comment s'y prendre pour saisir le moment précis de la maturité ?

Rien de plus facile :

Sentez le fruit que vous voulez cueillir; s'il a de l'odeur, si, de plus, la queue semble se détacher, coupez-le, gardez-le pendant vingt-quatre heures sur une échelette dans un endroit frais; ce délai passé vous pourrez le livrer à la consommation.

La culture sous cloche est absolument semblable, si ce n'est qu'on peut semer un mois plus tôt. On pourrait même semer dans les premiers jours de mars, si on avait le soin de couvrir tous les soirs les cloches avec de bons capuchons en paille. Je dois ajouter que, quand les melons commencent à courir, il faut élever les cloches sur quatre petites fourches en bois, de manière à ce que les courants puissent sortir et se développer librement; on ôte définitivement les cloches dans la première quinzaine de juin.

Certaines personnes, au lieu de semer sous les cloches, sèment dans de petits pots qu'ils placent sur couche chaude et sous châssis, puis ils dépotent et plantent sous cloche dès que les melons sont assez forts pour supporter cette transplantation ; la méthode est excellente : les melons ainsi semés seront toujours plus précoces que ceux qui auront été semés sur place.

Je puis même vous indiquer, à cette occasion, un moyen économique très-simple et très-bon pour éviter, ou tout ou moins atténuer, les fatigues de la transplantation ; recommandez à la ménagère, lorsqu'elle fait une omelette, de casser les œufs avec soin et de vous réserver les coquilles, prenez ces coquilles, percez-les à la partie inférieure avec un petit morceau de bois pointu, remplissez les de terreau bien fin, mettez dans chacune d'elles une graine de melon et placez les sur la couche ; quand les melons seront assez forts pour être transplantés, vous n'aurez qu'à prendre une de vos coquilles dont vous briserez les parois en la comprimant légèrement dans la paume de la main et vous la mettrez en place avec le pied de melon qu'elle contient ; la plante ne souffrira pas ; les racines auront bientôt écarté les débris de la coquille pour se répandre et s'allonger dans la terre qui les environnera.

Pour la culture forcée je dois vous renvoyer à ce que j'ai déjà dit en parlant des concombres ; car ce que je pourrais ajouter ici ne serait qu'une répétition, du moins en ce qui concerne l'établissement des couches, des châssis, des réchauds, des couvertures, l'époque des semis, la manière de semer, les soins à donner jusqu'à la mise en place, etc...

Quelques observations nouvelles en ce qui concerne la taille, les précautions à prendre pour éviter l'étiolement, le choix des variétés les plus hâtives complèteront suffisamment, je crois, les renseignements qui vous sont nécessaires pour connaître et pratiquer la culture du melon sous châssis.

La taille des melons forcés sous châssis

n'est pas la même que celle des melons cultivés en pleine terre ; il faut d'abord, autant que possible, châtrer et rabattre sur les oreilles avant la mise en place ; cette manière d'opérer a toujours eu pour moi un bon résultat. Quatre à cinq jours après la châtrure vous transplantez ; bientôt les deux bras principaux se développent ; vous les pincez au dessus de la seconde feuille, ce qui détermine toujours l'émission de deux nouvelles branches que vous arrêtez également au dessus du deuxième œil, afin d'obtenir un troisième degré de ramification. Les fleurs mâles paraissent les premières sur les bras secondaires, puis les fleurs femelles sortent presque aussitôt sur les branches du troisième degré. C'est ce qu'on appelle *maille*.

A mesure qu'une de ces mailles est passée fleur et quelle a commencé à grossir on dit quelle est *nouée* ; dans ce cas on s'empresse de pincer la branche qui la porte, un œil au dessus du jeune fruit. Lorsqu'on a ainsi trois ou quatre mailles bien nouées, on commence par supprimer les rameaux qui ne portent que des fleurs mâles. Plus tard on réduit le nombre des fruits à deux ou trois sur chaque pied ; on choisit pour cela les plus vigoureux, les mieux faits, et on supprime tous les autres. Enfin, on finit par retrancher toutes les branches faibles et surabondantes, on pince celles qui s'allongent trop et on enlève avec soin tous les fruits qui naissent après. coup.

Les melons, je l'ai déjà dit, aiment le grand air et le soleil, ils craignent aussi l'humidité. Vous concevrez dès lors facilement qu'ainsi renfermés et privés d'air, ils doivent s'étioler, s'allonger dès leurs jeunesse. Pour éviter cet inconvénient grave, il faut donner de l'air, c'est-à-dire soulever, dans sa partie postérieure, le châssis sous lequel sont les plantes, toutes les fois que le soleil paraît et que l'atmosphère n'est pas trop humide.

Lors de la transplantation, si les melons

sont trop hauts sur pied, il faut les enterrer jusqu'aux cotylédons, puis, aussitôt que la reprise est opérée, on recommence à donner de l'air, toujours par le derrière du chassis qu'on soutient à l'aide d'une crémaillère en bois.

Cette manœuvre exige les plus grands soins, la plus scrupuleuse attention. Ainsi, par exemple, par un beau jour du mois de février ou même du mois de mars, le soleil luit, le temps est doux, vous levez vos châssis et vous allez vous livrer à d'autres travaux; un nuage survient, couvre l'astre du jour, le vent fraîchit, l'atmosphère se refroidit; si vous n'êtes pas là pour fermer immédiatement vos châssis, vos melons sont perdus, tout au moins ils souffriront beaucoup.

Ou bien encore, la journée tout entière a été favorable, vous avez donné de l'air largement, sans défiance; mais vous vous êtes éloigné, attardé, vous n'êtes revenu pour fermer qu'au moment où le soleil se couchait. Eh bien, les melons auront encore souffert; ils jauniront, languiront et seront moins précoces.

Enfin, le temps ne vous a pas permis d'ouvrir plusieurs jours de suite; l'humidité s'est accumulée, concentrée sous l'étroite couverture, quelques feuilles sont déjà pourries.

Hâtez-vous, soulevez le châssis, essuyez avec un linge et très-soigneusement la face intérieure des vitres; car un peu plus tard vous auriez vu disparaître les fruits déjà noués, ils auraient *coulé*, c'est le mot technique.

Vous le voyez, la culture forcée des melons n'est pas très-difficile en théorie, mais pour la pratique, elle exige des soins intelligents, une attention constante et soutenue.

Quant aux variétés hâtives que vous pouvez choisir, elles sont assez nombreuses. Je vous indiquerai seulement les suivantes :

Le *petit Cantaloup orange*, le *noir des*

Carmes, le *petit Prescott fond blanc*, le *Prescott fond noir*, l'*Ananas*, le *Sucrin à petites graines ou quarante-huit jours*, etc...

Aubergines.

Les *aubergines* ou *melongènes* sont des plantes annuelles de la famille des *solanées*, originaires des pays chauds.

Dans nos contrées, la culture des aubergines est assez simple et n'exige pas de grands soins.

On les sème sur couche et sous cloche vers la fin de mars ou dans la première quinzaine d'avril; quand elles sont levées, on donne de l'air pendant le jour pour préparer le plant à supporter la pleine terre, puis à la mi-mai, on repique sur une vieille couche ou sur une planche bien terreautée. La reprise une fois opérée, l'aubergine n'exige plus que des arrosements et des soins de propreté. Quelques personnes pincent la tige principale pour la faire ramifier ; mais cette opération n'est pas indispensable.

Dans le nord de la France il faut prendre, pour cultiver les aubergines, quelques précautions ; on est obligé de les semer en terrine sur couche chaude et sous châssis, puis de les repiquer aussi sur couche et sous châssis.

On cultive généralement deux variétés d'aubergine. 1º La *blanche* ou *plante qui pond* ; ses fruits à peau très-lisse, d'un beau blanc, sont oblongs et ressemblent tellement à des œufs que l'œil pourrait s'y tromper. Ils atteignent leur dernier degré de maturité vers la fin de juillet.

2º La *violette*, vulgairement appelée *Viédase*, dont les fruits sont plus gros, plus longs et d'une belle couleur violette ; ils mûrissent à peu près à la même époque que ceux de la *plante qui pond*. Ils sont plus estimés dans la cuisine, on en mange beaucoup dans le Midi et même à Paris.

Pour avoir de la graine, il faut laisser

pourrir quelques fruits sur une échelette. Quand la pulpe est entièrement décomposée, on lave et on sépare facilement les semences, qui ressemblent beaucoup à celles des tomates.

QUINZIÈME LEÇON.

SUR QUELQUES PLANTES NOUVELLEMENT INTRODUITES.

L'horticulteur intelligent ne se borne pas à semer, à planter les végétaux que cultivaient ses pères. Il cherche à les améliorer par ses soins, il sollicite la nature, obtient des variétés qu'il perfectionne encore par les semis, la greffe, etc. Il reçoit enfin des contrées lointaines, les plantes utiles que lui apportent les navigateurs infatigables et qu'il parvient à acclimater dans ses jardins pour les livrer ensuite aux exploitations agricoles, à l'industrie ou même à la culture potagère.

Ne prêtez donc jamais l'oreille aux discours de certaines gens qui ne veulent voir dans le jardinage qu'un passe-temps frivole, un goût dispendieux, une occupation sans but et sans utilité. L'horticulture, au contraire, est une science pratique, une profession utile, honorable; c'est elle qui tient le creuset et qui fait des expériences pour l'agriculture, sa sœur aînée.

Voyez la luzerne, le sainfoin, la pomme de terre, les betteraves. Il y a soixante ans, on ne cultivait ces plantes que comme des curiosités ; elles couvrent aujourd'hui nos champs et nos jardins. Dans cinquante ans, peut-être, il en sera de même des végétaux, dont je vais vous entretenir.

Cerfeuil bulbeux ou tubéreux.

De la famille des *ombellifères*, cette plante fut introduite, il y a plusieurs années, dans quelques jardins de Paris ; mais sa culture ne fut pas suffisamment expérimentée. M. Jacques, jardinier en

chef à Neuilly, la reprit et parvint à l'améliorer. Cette amélioration consista surtout à
obtenir des racines plus grosses et plus
charnues.

Aujourd'hui plusieurs jardiniers cultivent
le *cerfeuil bulbeux* et s'en trouvent bien.
Sa racine, grosse comme une petite noix,
d'une saveur agréable, farineuse et sucrée
se mange bouillie et assaisonnée de diverses
manières.

La culture n'est ni coûteuse ni difficile.

Il faut semer en septembre la graine
qui vient d'être récoltée en août. Cette
graine ne lève qu'au mois d'avril suivant.
Si, au contraire, vous ne semez qu'au
printemps, votre graine restera juste un
an en terre, quelquefois même ne lèvera
pas du tout. Ce qui veut dire en résumé,
que la semence du cerfeuil bulbeux conserve
très-mal ses facultés germinatives et qu'il
faut, autant que possible, l'employer aussitôt après la récolte.

Les semis se font sur des planches bien

dressées et parfaitement ameublies ; on choisira de préférence un sol doux, léger, mais substantiel. Il est prudent de semer un peu clair, car on doit laisser sur place et l'éclaircissage est fort difficile, pour ne pas dire impossible.

Pendant l'été, les sarclages et les arrosements ne doivent pas être négligés ; vers la fin de juillet, les feuilles jaunissent un peu ; c'est le moment de la récolte. On arrache par un beau temps, puis on place les racines dans un lieu sec et privé de lumière. On en conserve quelques unes pour produire de la graine, on les plante au printemps dans une terre bien préparée, à 50 centimètres les unes des autres, parce qu'elles poussent des tiges très-nombreuses et très-fortes.

On se procure assez facilement les graines de cerfeuil bulbeux ; mais il faut les demander au mois de septembre et s'adresser à des hommes consciencieux pour avoir des semences fraîches ; car celles de l'année précédente ne vaudraient rien.

Oxalis crénelée.

Cette plante, de la famille des *oxalidées*, est à la fois utile et agréable. Ses fleurs élégantes, d'une jolie couleur rose vineux, sont réunies en ombelle au sommet d'un pédoncule de 18 à 20 centimètres. Ses feuilles trilobées ressemblent beaucoup à celles du trèfle et forment de jolies touffes ; sa racine est tubéreuse et charnue, elle se divise ordinairement en plusieurs tubercules jaunâtres, gros comme de petits œufs de poule que l'on fait cuire et qui fournissent un aliment sain, léger, d'une saveur assez agréable.

Quelques jardiniers prétendent que les feuilles peuvent remplacer l'oseille ; je n'ai jamais fait cette expérience.

L'oxalis est originaire du Pérou ; elle fut introduite vers 1829 en Angleterre, puis importée chez nous.

Sa culture n'est pas encore très-répandue et pourtant elle exige peu de soins.

On plante, au mois de mars, les plus petites racines, dans une terre légère et bien fumée; on peut les mettre en planches, on peut aussi en faire des bordures. Elles poussent rapidement, et lorsque les feuilles ont de 10 à 12 centimètres de hauteur, on butte chaque touffe en mettant de la terre au centre pour forcer les jets à s'écarter ; on renouvelle ainsi cette opération une ou deux fois à mesure que les feuilles et les tiges florales s'allongent. On arrose modérément pendant les chaleurs, puis on laisse les plantes en place jusqu'aux premières gelées blanches. A ce moment les feuilles et les fleurs disparaissent sous l'influence du froid ; c'est alors qu'on doit arracher les racines et les conserver dans du sable pour les manger pendant l'hiver. Quelques horticulteurs prétendent quelles peuvent se conserver en terre, si l'on prend la précaution de les couvrir d'un bon lit de feuilles sèches.

L'oxalis fleurit beaucoup ; mais elle n'a

pas encore produit de graine ; il serait pourtant utile d'en avoir ; car c'est par les semis qu'on pourrait améliorer la plante et surtout obtenir des racines plus grosses et plus chargées de fécule.

M. Bourcier, consul de France à Quito, fit passer en 1850 au Jardin des plantes de Paris, une *oxalis* dont les racines sont rouges et les tiges violettes ; c'est évidemment une variété de la précédente, elle se cultive de la même manière. Ses produits ne sont ni plus abondants, ni plus savoureux que ceux de l'oxalis crénelée à racines jaunes.

Igname de la Chine

(DISCOREA BATATAS).

Cette plante, nouvellement introduite, n'est pas encore parfaitement acclimatée, néanmoins les premiers essais doivent nous faire espérer que sa culture deviendra facile et que ses produits pourront être bons et utiles.

12·

L'igname de la Chine appartient à la famille des dioscorées ; elle est annuelle par ses tiges et vivace par ses racines succulentes, farineuses, renflées en forme de fuseau qui s'enfoncent dans le sol à la profondenr d'un mètre, quelquefois même davantage.

Les tiges sont volubiles, de couleur violette. Quand on les abandonne à elles-mêmes, elles rampent sur la terre et s'y enracinent avec facilité ; si on leur donne des tuteurs, elles s'y enroulent de droite à gauche. Leurs feuilles, d'un vert foncé à surface lisse et brillante, ressemblent assez à celles des liserons. Les fleurs sont petites, blanchâtres, réunies en grappes à l'aisselle des feuilles.

Il y a quatre ans que M. *de Montigny*, consul de France à Chang-Haï, nous envoya cet intéressant végétal qui fut d'abord expérimenté au Muséum et qui bientôt passa dans les jardins particuliers.

Voici, quant à présent, le mode de culture le plus adopté :

On coupe par fragments les tubercules et, de préférence, les têtes de ces tubercules que l'on plante dans de petits pots ; on place ces pots sur couche, dans la première quinzaine d'avril, si le temps est trop froid on couvre d'un châssis.

L'igname entre en végétation et pousse promptement. Dès que les gelées ne sont plus à craindre, on dépote pour mettre en place dans une terre douce bien fumée, puis on laisse croître les tiges de la plante qui ne tardent pas à se répandre sur le sol, en rampant dans tous les sens. Il serait mieux, peut-être, de leur donner des rames ou tuteurs pour faciliter le nettoyage du terrain, que le feuillage maigre de l'igname ne protége pas suffisamment contre l'invasion des mauvaises herbes.

On doit arroser assez copieusement pendant les chaleurs ; mais il faut cesser les arrosements lorsque les pluies d'automne peuvent donner à la terre une humidité naturelle.

La récolte se fait le plus tard possible, parce que c'est surtout à la fin de la saison que les tubercules grossissent. Quant aux moyens de conservation ils sont les mêmes que pour les pommes de terre et les autres racines succulentes.

La partie supérieure et amincie des tubercules doit toujours être conservée pour la reproduction, tandis que la partie inférieure et charnue peut être mangée dès qu'elle aura perdu, par quelques jours de dessication, l'excès de son eau végétative.

Si vous voulez multiplier rapidement l'igname de la Chine, le bouturage des tiges vous fournit un moyen facile. Pour cela vous coupez au mois de juillet des tiges d'ignames en autant de morceaux qu'elles portent de feuilles ; vous plantez ces boutures à froid dans de la terre de bruyère sablonneuse, de manière que l'œil qui se trouve à laisselle des feuilles soit légèrement enterré, puis vous couvrez d'une cloche. Au bout de six semaines, les boutures sont enracinées et présentent à l'aisselle de la feuille un petit tubercule gros comme une noisette, qu'on laisse grossir jusqu'au mois de septembre et qu'on laisse aoûter ensuite en cessant les arrosements. Ces tubercules conservés fournissent, au printemps suivant, des plants aussi bons que ceux provenant de fragments de racines. Chaque plante peut ainsi produire une centaine de sujets.

Autre méthode encore plus facile :

Couchez horizontalement les tiges en plein air, sans les couper, enterrez-les à fleur de terre, de façon que les feuilles s'étalent sur la surface du sol et que les yeux des aisselles soient recouverts ; bassinez souvent et vous obtiendrez, à moins que le mois de juillet ne soit humide et pluvieux, les mêmes résultats qu'en coupant les tiges et en bouturant sous cloche.

Je le répète, on en est encore aux essais ; mais il est probable que cette plante utile s'acclimatera de plus en plus et deviendra tout aussi rustique, plus rustique peut-être que la pomme de terre, la betterave et autres végétaux de ce genre.

La Rhubarbe prince Albert.

(RHEUM AUSTRALE).

Les rhubarbes sont des plantes de la famille des *Poligonées*, presque toutes originaires de la partie septentrionale de la Chine, mais cultivées chez nous, elles y prospèrent comme des végétaux indigènes.

Jusque là on ne connaissait de la rhubarbe que ses qualités purgatives ; les Anglais nous ont appris depuis quelques années à manger les pétioles charnues de ses feuilles confits avec du sucre ou mêlés dans la pâtisserie.

On cultive spécialement pour cette usage les trois variétés suivantes :

La rhubarbe *à feuilles ondulées*. La rhubarbe *groseille*. La rhubarbe *Prince Albert*.

Cette dernière surtout commence à se

répandre et je l'ai déjà vue dans plusieurs jardins particuliers.

Les racines sont fortes, rameuses, brunes en dehors, d'un beau jaune rouge en dedans. Quand on les mâche, elles teignent la salive en jaune et laissent dans la bouche une saveur amère. La fleur est petite, blanchâtre, portée sur de longs pédoncules; elle produit une graine brune ayant une aile membraneuse à chacun des trois angles qu'elle présente.

Enfin, ses feuilles sont grandes, radicales, vertes en dessus, teintées de pourpre en dessous; le pétiole qui les porte est épais, charnu, d'une saveur acide.

C'est cette partie de la plante que l'on pèle, que l'on coupe par tronçons et que l'on fait cuire avec du sucre pour en faire des confitures d'un goût très-fin, à peu près semblable à celui de la marmelade de prunes.

Sa culture est simple.

La rhubarbe se multiplie par la séparation

des touffes que l'on plante au printemps en bonne terre douce et profonde ; on arrose quelques fois pendant l'été, et dès le mois de juillet on peut commencer à cueillir les feuilles les plus fortes en continuant ainsi jusqu'en octobre. On cesse alors la récolte et si l'hiver devient trop rigoureux, on couvre chaque pied d'un bon lit de feuilles sèches.

Les semis se font aussitôt après la récolte des graines, sur couche froide ou dans des terrines. Puis au printemps, on repique en place et on cultive comme ci-dessus.

SEIZIÈME LEÇON.

Le Fraisier.

On cultive généralement le fraisier dans les jardins à légumes ; sa place était donc aussi naturellement marquée à la suite de cette nomenclature des plantes potagères.

Vous connaissez tous ses jolies fleurs blanches en corymbe, ses fruits parfumés, ses feuilles tri-foliées, dentées, quelque fois légèrement velues, ses tiges courtes, sous-ligneuses, et ses longs filets courant sur la terre, s'enracinant et se développant à chaque nœud pour donner naissance à une nouvelle plante. Ces filets s'appellent *coulants* ou *stolons*.

On a placé le fraisier dans la famille des *Rosacées* ; les botanistes n'admettent qu'une espèce bien constatée : le fraisier *commun*, indigène, répandu partout. Il naît dans nos bois, sur les coteaux ombragés, donne des fruits petits, nombreux, d'un goût acidulé fort agréable.

C'est ce type sauvage qui, par les semis et la culture, a produit, non-seulement en France, mais encore en Angleterre, en Belgique et dans beaucoup d'autre pays, des variétés innombrables dont la liste s'augmente chaque jour.

Il faut pourtant adopter une classification

et je ne crois pouvoir mieux faire que d
vous donner ici celle du *Bon Jardinier*
ouvrage complet, sérieux, que je ne sau
rais trop recommander à ceux d'entre vo
qui voudraient plus tard compléter leu
éducation horticole.

A défaut, dit-il, de pouvoir encore rap
porter positivement les diverses variété
cultivées du fraisier à l'espèce botaniqu
d'où elles sont sorties, nous conservons le
classes depuis longtemps adoptées pa
M. Poiteau. Elle sont au nombre de six e
peuvent se reconnaître à leur port, à leu
couleur, à la grandeur, à la structure d
leurs fleurs, à la grosseur et à la qualité d
leurs fruits.

PREMIÈRE CLASSE. — *Fraise des bois*
feuillage blond, fleurs petites, fruits petits
ronds ou oblongs, très-parfumés.

A cette classe appartiennent tous le
quarantains à fruits rouges ou blancs, l
fraise des *Alpes* à filets, la fraise *Gaillo*
sans filets, la fraise de *Montreuil*, etc.

DEUXIÈME CLASSE. — *Fraise étoilée* ou de *Champagne*. Les variétés de cette section ne sont pas cultivées, feuillage petit, vert sombre, fruit très-petit, rond, peu coloré, peu savoureux.

TROISIÈME CLASSE. — *Fraise Capron*, feuillage grand, velu, pedoncules très-forts, calice réfléchi, fruit gros, arrondi, rouge foncé, saveur quelquefois légèrement musquée.

La plupart des variétés de cette section exigent un terrain sec et chaud. Dans une terre humide les fruits atteignent rarement leur grosseur ; ils avortent même en partie.

QUATRIÈME CLASSE. — *Fraise écarlate*, feuillage très-grand vert bleuâtre, fleurs petites, fruit moyen d'un beau rouge.

Vous trouverez parmi ces dernières quelques variétés remarquables telles que la *rose berry* qui donne presque toujours deux fois. La *Black prince de Cuthill*, très-hâtive, chair fine ; elle produit successivement pendant plus d'un mois. L'*écarlate américaine*, très-productive, mais tardive.

CINQUIÈME CLASSE. — *Les fraises ananas*, feuillage grand, fleurs très-grandes, fruits gros, ronds ou allongés, rouges, roses ou blancs, très-succulents et très-parfumés.

Ici se groupent ces nombreuses variétés françaises et anglaises auxquelles on donne dans certains pays la dénomination commune et vulgaire de *Brocs*.

Les meilleures, à mon avis sont : La *fraise ananas;* la *fraise de Bath*, cette belle fraise d'un blanc rosé quelquefois plus grosse que des œufs de pigeons.

La fraise de la *Caroline*; belle couleur écarlate, chair ferme et très-compacte. La fraise *Deptford-pine*, très-hâtive. La fraise *Princesse Royale*, fruits très-colorés, allongés, chair pleine, variété vigoureuse très-productive et très-recherchée. La fraise *comte de Paris*, fruits plus ronds que dans la précédente variété. La fraise *Elisa Myatt*, fruit étranglé à sa base, très-bon pour les confitures.

La fraise *duchesse de Trévise*, fruits énormes, allongés, rouges clair, chair fine, très-estimée, mais peu fertile.

La fraise *Downton*, feuillage crispé, fruits oblongs très-parfumés. La fraise *Elton*, fruit magnifique un peu acide.

La fraise *Prolific-Myatt*; fruit aplati, rouge, à bout blanc, succulent mais un peu creux. La fraise *Goliath*, très-productive et très-savoureuse.

A ces douze variétés, je puis ajouter : *Admirable Dundas, Belle Bordelaise, Blanche de Bicton, Captain Cook, Globe, Prince Albert, Surprise, Magnum Bonum, Jucunda, Sir Harry, Mammouth*, etc., etc...

SIXIÈME CLASSE. — *Fraise du Chili*; feuillage soyeux, fleurs grandes, fruits très-gros, ordinairement un peu fades, très-colorés, se redressant au moment de la maturité.

Les principales variétés sont :

Queen Victoria; fruit aussi gros qu'un petit œuf de poule, belle couleur rouge foncé vernissé. Chair légère un peu spongieuse.

Superbe de Wilmot ; fruit monstrueux, également rouge vernissé, chair colorée, peu savoureuse ; le milieu du fruit est souvent un peu creux.

On peut encore diviser le fraisier en fraises remontantes et en fraises qui ne donnent qu'une fois. Pour les premières, nous aurons les variétés les plus rapprochées de la fraise de bois, c'est-à-dire celle des *Alpes*, blanche et rouge ; celle de *Montreuil*, également blanche et rouge ; de *Gaillon*, sans filets ; des *Bois*, sans filets ; nous pourrons ajouter la *Rose Berry* qui appartient aux écarlates et qui donne deux fois, une première fois au printemps, puis à l'automne et jusque vers la fin d'octobre.

Toutes les autres formeront la seconde catégorie.

Cette différence dans la production des fruits amène aussi nécessairement quelques différences dans la manière de cultiver. Ainsi les fraisiers remontants sont presque toujours cultivés en planches tandis que les non-remontants se plantent en bordures, le long des passepieds ou même des allées principales.

Tous les fraisiers aiment une terre douce, chaude, substantielle mais légère ; néanmoins ils poussent et fructifient en terre médiocre pourvu qu'elle soit bien amendée lorsqu'elle est trop compacte, ou bien fumée avec des engrais très-consommés lorsqu'elle est trop maigre et trop légère. Ils craignent l'humidité, la pluie, les brouillards, aussi préfèrent-ils à l'eau du ciel les arrosements donnés avec intelligence par le jardinier.

CULTURE EN PLANCHES.

Dans un sol bien ameubli, divisé par les labours, amendé par l'addition de fumiers réduits en terreau, dressez une planche et plantez sur quatre lignes en quinconces, à une distance de 30 centimètres environ.

L'opération peut se faire soit à l'automne, soit au printemps ; la plantation d'automne donnera dès le printemps suivant une ré-colte assez abondante. Celle du printemps ne produira ses fruits qu'à l'automne. Il est utile de pailler la planche avant de planter, car il serait long et difficile de bien faire plus tard cette opération indispensable.

On donne immédiatement une bonne mouillure pour attacher le plant à la terre.

Les soins, pour la première année, se bornent à sarcler, biner, remplacer au mois de mars les pieds que le froid aura fait périr, arroser pendant les chaleurs et sup-primer les coulants ou *stolons* qui ne feraient qu'épuiser vos jeunes fraisiers.

Pour la seconde année, on nettoie, on donne au printemps un léger labour, puis on charge la planche avec de bon terreau, on sarcle, on mouille à propos, on sup-prime les coulants jusqu'au mois d'août ; après cette époque on peut les laisser se multiplier si on en a besoin pour faire en octobre une nouvelle plantation.

Les fraisiers remontants ne donnent bien que pendant la deuxième et la troisième année ; il faudra donc les renouveler à la fin de la seconde année, en conservant toutefois quelques planches anciennes pour ne pas éprouver de suspension dans les produits.

Si pourtant vous êtes forcé de laisser vos fraisiers en place plus de trois ans, il faut les rechausser tous les ans en rapportant quelques centimètres de bonne terre autour de chaque pied. Il se formera alors au collet de la plante des racines nouvelles qui entretiendront pendant un certain temps sa vigueur et sa fertilité.

PLANTATION EN BORDURES.

Donnez un bon labour, mêlez à la terre de bon fumier bien consommé, faites un rayon et plantez au cordeau à 35 centimètres, mouillez, sarclez, binez, supprimez les coulants, non en les arrachant, comme cela se pratique quelquefois, mais en les coupant aussitôt qu'ils atteignent une longueur de 15 à 20 centimètres. Veillez surtout à ce que, par suite du ratissage des allées, les racines ne se trouvent pas dégarnies ; dans ce cas, chaussez immédiatement chaque pied avec du terreau ou de la bonne terre passée.

Vers la mi-juillet, lorsque la récolte des fraises est entièrement terminée, vous ferez bien de couper ras le pied toutes les feuilles et tous les filets de vos fraisiers en bordures, vous les terreauterez légèrement ; vous donnerez un bon arrosement et vous obtiendrez ainsi, au bout de trois semaines, une végétation nouvelle, des feuilles fraîches et vigoureuses.

Quelques jardiniers, je le sais, condamnent cette méthode; néanmoins je n'hésite pas à vous en recommander l'emploi, car l'expérience m'a toujours prouvé qu'elle était excellente.

MULTIPLICATION.

Les espèces remontantes, ou des *quatre saisons*, se multiplient très rapidement par les semis. Ce moyen, qui n'est pas assez généralement employé, me paraît cependant avantageux ; car les graines semées à l'automne, fournissent, au bout de six semaines, du plant que l'on repique en place au printemps et qui donne abondamment dans le courant de septembre. De plus, les fruits provenant de semis sont toujours plus gros, plus savoureux et plus abondants.

Les fraises des bois, celles des Alpes, de Montreuil, de Gallion, se reproduisent toujours franches ; les autres variétés lèvent très bien, poussent et fructifient rapidement, mais elles varient beaucoup.

Pour semer, on choisit les plus beaux fruits, on les écrase dans l'eau, on extrait les graines par le lavage, on les laisse sécher à l'ombre pendant huit ou dix heures, puis on sème immédiatement à la volée sur une planche bien terreautée, parfaitement nivelée et bassinée d'avance. Il ne faut pas recouvrir la graine, mais répandre seulement sur le semis un millimètre de terreau passé ou mieux encore de terre de bruyère également passée. Vous couvrirez le tout avec des nattes ou des paillassons qui seront supportés, à dix centimètres du sol, par de petites tringles posées sur des piquets; vous entretiendrez une humidité constante en arrosant légèrement avec la pomme de l'arrosoir, jusqu'à ce que la graine soit levée. Aussitôt que le plant aura trois feuilles, vous soulèverez d'abord les paillassons pour l'habituer à la lumière, puis vous les ôterez définitivement. Vous arroserez de temps en temps, et vous pourrez, au bout de deux mois, repiquer le plant en pépinière, pour le mettre en place au printemps.

Quelques personnes gardent la graine pour la semer au mois d'avril; dans ce cas il est important de la faire sécher complétement au moment de la récolte.

Si vous ne voulez pas semer, vous pourrez diviser les gros pieds, en séparant les œilletons, de manière que chaque éclat conserve quelques racines. Ce moyen de multiplication s'applique surtout aux fraisiers sans filets ; c'est ce qu'on appelle la multiplication par *éclats*.

Enfin, si la séparation des vieux pieds ne vous fournit pas assez de plant, vous aurez la ressource des jeunes rejetons produits par les coulants que vous aurez laissés, comme je l'ai déjà dit, au mois d'août, et qui seront suffisamment développés pour être plantés en octobre.

Les fraisiers ont un ennemi redoutable ; le ver blanc, qui n'est autre chose que la larve du hanneton, attaque fréquemment les racines de la plante. On s'en aperçoit, lorsqu'on voit les feuilles se faner ; il faut alors se hâter de fouiller au pied, de tuer le ver et de replanter le fraisier, s'il n'est pas trop endommagé.

CULTURE FORCÉE.

On peut hâter la floraison et la maturité des fraises de plusieurs manières. La plus simple est de creuser, au mois de novembre, les passe-pieds d'une planche de fraisiers remontants, de remplir les tranchées de fumier chaud et de couvrir la planche au moyen d'un coffre et d'un châssis. Rappelez-vous, du reste, ce que j'ai dit en parlant de la culture forcée par *sentiers*.

Autre moyen : prenez, à la fin de juillet, des filets dont les racines sont encore tendres, plantez dans des pots de quinze centimètres de diamètre, placez les pots à l'ombre pour faciliter la reprise et rapportez les au grand air, quand les jeunes plantes commencent à végéter ; arrosez quelquefois, puis, au mois de décembre, faites une couche tiède avec coffre et châssis ; mettez sur la couche un bon lit de sable, enterrez vos pots, recouvrez, donnez de l'air, le plus souvent possible, jusqu'aux grands froids ; à ce moment, faites des réchauds, mettez des paillassons la nuit, donnez un peu d'air, quand le temps le permet, renouvelez vos réchauds tous les quinze jours, arrosez peu, ôtez les feuilles pourries, etc. Vous aurez des fraises à la fin de mars.

Je vous conseille, pour cette culture, la fraise *Princesse Royale* ou la fraise *Comte de Paris*.

Les jardiniers de la capitale emploient, pour chauffer les fraisiers, un appareil de chauffage qu'on appelle *thermosiphon*. C'est une chaudière pleine d'eau, placée sur un fourneau que l'on chauffe avec du bois ou du charbon de terre. L'eau mise en ébullition s'échappe dans des tuyaux disposés de manière qu'elle puisse revenir sans cesse à son point de départ et circuler ainsi toujours bouillante pour réchauffer ces tuyaux. Par dessus cet appareil, on place des coffres et des châssis, sous lesquels on met les pots de fraisiers.

On peut encore obtenir quelques belles fraises avant la saison en cultivant les maîtres pieds dans de grands pots, que l'on rentre au mois de novembre, en serre chaude ou sous une bonne bâche.

DIX–SEPTIÈME LEÇON.

UN MOT SUR LA CULTURE DES FLEURS.

Quand le bon Dieu créa les fleurs, il sourit avec bienveillance et dit :

Croissez, multipliez, soyez pour l'homme qui va naître, un objet de méditations pieuses, de jouissances pures, de délassements paisibles et doux.

Est-il, en effet, un œil assez indifférent, une âme assez sèche pour assister sans émotion au spectacle de tant de merveilles?

Oui, j'ose le dire, il y aurait quelque chose de bizarre, d'incomplet dans l'organisation morale d'un être qui resterait insensible et froid aux joies tranquilles que procurent les fleurs.

Sainte Catherine ne passait jamais près d'une plante fleurie, sans y trouver le sujet d'une prière ; saint Bernard les contemplait ; saint Fiacre les cultivait avec délices ; saint François, dans sa sublime candeur, entretenait avec elles de pieuses conversations ; il joignait les mains, il pleurait de plaisir en remerciant Dieu d'avoir fait les fleurs si belles et de les avoir semées avec tant de profusion sous ses pas.

Remercions donc aussi la divine Providence, et dans la plus petite fleur des champs, comme dans les corolles brillantes de nos parterres, trouvons un motif de prière et de reconnaissance.

Je vous l'ai dit ailleurs, l'utile n'exclut pas toujours l'agréable ; vous pourrez, tout en cultivant les légumes, admettre au jardin potager quelques fleurs, quelques plantes d'ornement. Olivier de Serres disait avec Caton : « Je tiens pour défectueux le potager auquel fait défaut l'agrément, qui procède de belles et fleurissantes plantes. »

Il est certain que l'aspect riche et sévère de cette végétation utile, devient plus agréable lorsqu'il est égayé par la présence d'arbustes ou de plantes fleuries ; il est encore vrai de dire que ces aimables créatures, lorsqu'elles entourent une habitation, portent immédiatement avec elles l'idée de propreté, d'aisance, de bonheur tranquille.

Pour vous, la culture des fleurs sera sans difficulté, les principes posés au commencement de ce cours vous serviront, vous suffiront même pour entreprendre les semis, le repiquage et la plantation des plantes annuelles et de quelques plantes bisannuelles ou vivaces.

Nous nous en tiendrons là dans cette première partie ; plus tard, je vous parlerai des arbres et des arbustes d'ornement pour la multiplication desquels vous aurez besoin de connaître des principes que je n'ai pas encore développés.

Plantes vivaces.

On appelle plantes vivaces les végétaux herbacés ou sous-ligneux qui vivent indéfiniment sans qu'on ait besoin de les resemer ; les uns conservent leurs tiges et leurs feuilles pendant toute l'année, les autres disparaissent aux premiers froids et semblent se retirer dans leurs racines où ils s'endorment pour ne se réveiller qu'au printemps ; telles sont les plantes tubéreuses, tuberculeuses ou bulbeuses ; la plupart enfin perdent leurs tiges florales qui se dessèchent et tombent après la maturité des graines.

Les plantes vivaces s'obtiennent par les semis ; mais on peut aussi les renouveler et les multiplier par la séparation de touffes que forment l'aglomération de leurs racines.

Ces touffes se composent ordinairement d'un assez grand nombre de jets ou œilletons, qui tous reposent sur une racine ou sur le collet d'une vieille tige, garni lui-même d'un épais chevelu. Rien de plus simple que de séparer ces touffes, de les diviser, soit par le déchirement, soit par la section et de transplanter chaque partie dans une bonne terre, à une exposition convenable; souvent même de jeunes tiges encore herbacées, des jets, des œilletons sans racines, plantés avec soin dans un sol bien préparé, convenablement abrité, se soutiennent, font de nouvelles racines et deviennent des plantes parfaites. C'est ce qu'on appelle multiplier par la bouture; nous en parlerons dans la seconde partie.

Les plantes tubéreuses, tuberculeuses ou bulbeuses se reproduisent par la plantation des bulbes, des tubercules et par la séparation des racines tubéreuses. Pour ces dernières il est bon de remarquer que, quelle que soit leur forme, elles partent toutes d'une base commune, qu'on appelle collet ou couronne et sur laquelle se trouvent les yeux ; il faudra donc, lorsque vous voudrez diviser les racines tubéreuses, laisser à chaque partie séparée une portion de la couronne sur laquelle se trouvent déjà ou naîtront plus tard des bourgeons.

A l'aide de ces explications vous cultiverez, je crois, sans difficulté, les plantes suivantes :

Alisse salatixe (corbeille d'or), plante rustique formant de jolies touffes couvertes de fleurs jaunes. Multiplication par le semis au printemps et par la séparation des touffes à l'automne.

Armeria, (gazon d'Olympe), fleurs roses, très-rustique, très-convenable pour bordure et très-facile à multiplier par la séparation des touffes au printemps.

Aspérule odorante, culture facile, multiplication par éclats de racines au printemps.

Aster, plante très-rustique, multiplicatic
par division des touffes à l'automne ou ²
printemps.

Bouton d'or, plante rustique très-connu
d'un bel effet, multiplication d'éclats et ₵
graines.

Chrysanthème de la Chine. Cette bel
plante est (passez-moi ce mot) la fle
d'adieu ; les gelées viennent souvent
surprendre lorsqu'elle est encore dans to
son éclat. Multiplication facile par la sép:
ration des touffes au printemps.

Diclytra formosa, plante herbacée do
les feuilles et les tiges disparaissent à l'a
tomne , mais repoussent au printemp:
elle se multiplie très-facilement par]
plantation des jeunes pousses au printemp:

Dahlia, magnifique plante qui perd s
tiges à l'automne, et dont il faut arrache
les racines tubéreuses , pour les conserv
l'hiver, dans un endroit sec, à l'abri de]
gelée; on les replante au printemps et o
les multiplie par la séparation des racine

Iris. On en connait un grand nombre d'espèces et de variétés ; la plupart sont de pleine terre ; ils se multiplient par la séparation des touffes au printemps.

Julienne des jardins, plante charmante et très-odorante, elle se multiplie facilement par la séparation des touffes au printemps.

Lobelies. Multiplication de graines semées au printemps, ou de rejetons.

Primevère. Nombreuses variétés qu'on obtient par des semis en terrines ou sur planches bien terreautées ; on les multiplie par la séparation à l'automne ou au printemps.

Pentstemon, belle plante ; on en possède huit ou dix variétés. Multiplication de graines semées au printemps ou d'éclats replantés en automne.

Phlox, charmante plante vivace qui perd ses tiges et qui se multiplie au printemps, par rejetons et par division des touffes.

Pivoine, magnifique plante sous-ligneuse qui perd ses feuilles et ses tiges ; multiplication d'éclats plantés à la fin de l'automne.

Vous pourrez encore planter et cultiver de la même manière, dans la partie la plus ombragée du jardin potager, quelques plantes aromatiques dont l'aspect est agréable et dont les feuilles ou les tiges sont quelquefois utiles dans l'économie domestique.

Telles sont :

L'*absinthe*, la *camomille*, l'*hyssope*, la *lavande*, la *mélisse-citronelle*, la *menthe poivrée*, la *sauge officinale*.

Les plantes bulbeuses ou tubéreuses perdent leurs feuilles et leurs tiges vers la fin de l'été; on arrache alors les bulbes ou les racines, on les fait secher à l'ombre, puis, à l'automne, on les remet en terre où elles passent l'hiver, poussent au printemps et fleurissent les unes en avril, les autres un peu plus tard.

De ce nombre sont :

Les *anémones*, les *fritillaires*, les *glayeuls*,

les *jacinthes*, les *jonquilles*, les *lis*, les *narcisses*, les *renoncules*, les *tulipes*, etc.

Plantes bisannuelles.

Les plantes bisannuelles se sèment à l'automne ou au printemps, se repiquent en place et ne fleurissent que l'année suivante ; alors elles portent graines et disparaissent.

C'est ainsi que vous cultiverez les *ancolies*, les *campanules*, les *dianthus* ou œillets jalousie, les *giroflées jaunes*, les *mathioles* ou giroflées anglaises, les *mufliers*, les *gaura*, les *pensées*, les *croix de Jérusalem*, les *anagallis*, les *passe-roses* ou roses trémières, etc.

Plantes annuelles.

La floraison des plantes annuelles commence ordinairement vers la fin de l'été, pour continuer pendant l'automne ; la culture est exactement la même pour toutes.

On les sème au printemps, soit sur couche tiède, soit sur des planches bien terreautées, on les repique en pleine terre, vers la fin de mai, où, comme je l'ai déjà dit, elles fleurissent fin de juillet et mois suivants. On peut aussi, dans le mois de février les semer en terrines ou sur couche chaude, les couvrir de cloches, de chassis ; dans ce cas, vous avez des fleurs vers la mi-juin. Si vous voulez au contraire, retarder la floraison, semez en pleine terre au mois de mai, repiquez dans la première quinzaine de juin ; vos plantes ne fleuriront alors qu'au mois de septembre. Plusieurs espèces ne craignent par la gelée ; si vous les semez en place à l'automne, elles vous donneront des fleurs beaucoup plus tôt même que celles semées en février sur couche chaude et sous chassis.

D'autres sont propres à faire des bordures ; il faut aussi les semer sur place en rayons, soit au printemps, soit à l'automne, puis les éclaircir de manière à ce qu'elles puissent végéter et fleurir convenablement.

Quant à la récolte des graines de fleurs, elle se fait exactement comme celle des graines potagères ; on doit choisir le même temps, prendre les mêmes précautions ; étiqueter, serrer, conserver de la même manière.

Voici pour vous une nomenclature de plantes choisies :

Amaranthe, *crête-de-coq*.

Balsamine double, panachée, ponctuée, à fleur de camélia.

Belle de jour.

Belle de nuit, plante magnifique, portant sur le même pied plusieurs variétés.

Clarkia, trois variétés doubles d'un bel effet.

Collinzia, plante de bordure, qu'on peut semer à l'automne.

Coréopsis, belle plante très-rustique, peut se semer dès l'automne.

Haricot bicolor, charmante plante grimpante. On cultive aussi comme plante d'ornement, le *haricot d'Espagne*, le *haricot d'Amérique*, etc.

Julienne de Mahon (gazon de Mahon), on

peut en faire des bordures et des massifs. Semé à l'automne, il fleurit dès le mois de mai.

Liseron, plante grimpante, très-variée.

Lavatère, rose et blanc.

Linaire, charmante en bordure.

Lupins, tous d'un bel effet.

Malope, rustique.

Marguerite reine. Vous connaissez tous cette magnifique plante, que nos jardiniers modernes ont su perfectionner de manière à en faire le plus bel ornement de nos jardins.

Némophiles, très-jolis et très-variés, peuvent se semer dès l'automne.

OEillets d'Inde.

Pied d'alouette. On en fait de charmantes bordures, que l'on sème à l'automne ; mais il faut faire la chasse aux limaçons.

Pois de senteur, plante odorante et très-jolie.

Pourpier, à grandes fleurs, quatre ou cinq variétés qui, réunies en massif, produisent au soleil un charmant effet.

Réséda, plante très-odorante.

Rose d'Inde (Tajette).

Salpiglossis, plante très-variée, magnifique.

Silène, rose ou blanche, forme des bordures et de jolis massifs, peut se semer à l'automne.

Seneçon double, deux variétés.

Thumbergia, plante grimpante, trois variétés.

Zinia élégant, sept ou huit variétés; cette jolie plante, lorsqu'elle végète bien et qu'elle est réunie en groupes variés, produit un effet très-agréable.

Les plantes annuelles, semées au printemps, exigent quelques arrosements, parce qu'elles sont en pleine végétation pendant les chaleurs de l'été; il faudra donc, en arrosant vos légumes, réserver un peu d'eau pour ces végétaux fragiles, qui, du reste, vous rembourseront avec usure en déployant à vos yeux le luxe de leur vert feuillage et de leurs gracieuses corolles.

Cultivez les fleurs, mes enfants, admirez-les, aimez-les ; cette passion là, loin de troubler jamais votre âme y portera, j'en suis sûr, la paix, la joie et le bonheur.

DIX-HUITIÈME LEÇON.

LES OUTILS.

Pour jardiner, il faut des outils. Je dois vous indiquer ceux qui vous sont indispensables. Quant à la forme de chacun d'eux je vous laisserai le choix. Vous savez que chaque pays a sa mode, ses habitudes ; la meilleure *bêche*, par exemple, est toujours celle qu'on a l'habitude de faire manœuvrer.

Ainsi, qu'elle soit petite ou grande, large ou étroite, droite ou recourbée, choisissez ;

elles sont toutes bonnes pourvu qu'on sache s'en servir.

Après la bêche vient la *binette* ou petite houe, plus mince et plus légère que la bêche.

Le *binochon* ou *marochon* à deux branches, l'une pour tracer les rayons, l'autre pour les sarclages et les binages.

Les *râteaux*, l'un à dent très-minces et très-rapprochées pour *piquer* les semis, l'autre à dents plus grosses et plus éloignées pour le nivellement des planches et le râtissage des allées. Un *cordeau* de vingt à trente mètres de longueur attaché par ses deux extrémités à deux piquets de bois dur.

Des *arrosoirs* : Ici encore la forme ne fait rien, pourvu que les pommes soient bien percées, c'est-à-dire que les trous soient faits de manière à laisser passer une petite aiguille à tricot.

Un *crible* en fer, pour passer les terres et les terreaux.

Une *serpette*, un *greffoir*, une *scie à*

main. Inutile de décrire ces instruments ; le coutelier vous en montrera de toutes qualités, de toutes formes, de toutes dimensions.

Des *fiches* ou plantoirs de diverses grosseurs pour repiquer les plants de toute espèce. Une *pelle* en fer pour les mouvements de terre ; une fourche à trois doigts pour monter les couches.

Enfin, une *brouette* ; vous connaissez tous ce moyen de transport si commode et si répandu.

DESTRUCTION DE QUELQUES INSECTES NUISIBLES.

Les insectes sont pour le jardinier des ennemis nombreux et redoutables ; aussi doit-il veiller sans cesse afin de les détruire ou, du moins, de les écarter de ses cultures.

Voyez d'abord les *limaces* et les *limaçons* ; il est presque impossible de les détruire, il

est même fort difficile de prévenir ou d'arrêter leurs ravages. Levez-vous de grand
matin pour faire la chasse, retournez le
soir, surtout quand il a plu, ne vous lassez
pas de rechercher, de tuer, d'écraser les
limaçons. Si vous voulez préserver un semis
précieux, entourez-le d'un petit rempart de
chaux vive; je ne puis vous indiquer d'autres
moyens, je n'en connais pas.

Les *chenilles*, autres brouteuses; elles
dévorent en une nuit tout un arbuste qui
la veille étalait son vert et brillant feuillage.
Quand elles ne sont pas trop nombreuses on
peut les rechercher, les dépister et les écraser sans pitié; mais quand elles couvrent
une plante de leurs innombrables légions il
faut employer un moyen plus prompt et
plus efficace.

Dans ce cas on place un réchaud garni de
charbons allumés sous la plante attaquée,
on répand sur les charbons de la fleur de
souffre, qui par son odeur et sa fumée
asphyxie les chenilles; elles tombent à l'ins-

tant même, il n'y a plus qu'à les écraser. N'oubliez pas surtout au printemps de détruire tous les nids ou *cocons* que vous apercevrez ; c'est ce qu'on appelle *écheniller*. Les lois de votre pays vous en font même un devoir.

Il est une espèce d'*araignée* qui parcourt les jeunes semis et fait quelquefois de grands ravages.

On éloigne, on détruit même cet insecte en arrosant souvent avec de l'eau dans laquelle on a mélangé de la suie ; on obtient aussi de bons résultats en répandant sur les semis endommagés une infusion de feuilles d'absinthe broyées et triturées dans l'eau.

Les *tiquets* se tiennent à la surface de la terre et nuisent surtout aux plantes de la famille des crucifères dont ils dévorent les cotylédons ; vous pourrez employer, pour les faire périr, l'eau chargée de savon ou de potasse.

La *courtilière* marche sous terre, elle se retire dans les vieilles couches d'où elle part pour sillonner, bouleverser les semis et les plantations ; on s'en débarrasse assez difficilement. Quelques personnes enterrent çà et là dans les carrés des pots pleins d'eau. La courtilière, qui ne voit pas le précipice, chemine toujours, arrive sur le bord du pot, y tombe et s'y noie. D'autres les éloignent en vidant, par le trou qu'elles font à la surface du terrain, de l'eau et de l'huile de noix. Enfin, certains jardiniers les guettent et sont fort adroits pour les surprendre au moment où elles soulèvent le guéret.

J'ai souvent employé, pour préserver, non des semis, mais des jeunes plants récemment repiqués, un moyen qui m'a toujours réussi.

Quand je transplante des choux, des melons, ou autres végétaux de ce genre, j'ai soin de former, autour du collet de chaque plant, un petit triangle avec trois pierres plates, trois tessons, trois morceaux d'ardoises, etc. La courtilière, cheminant, vient heurter ce petit rempart et, ne pouvant le franchir, elle se détourne, s'éloigne, la plante est sauvée.

Dans tous les cas, lorsque vous démolissez les couches ou que vous bêchez les carrés du jardin, ne manquez pas de détruire toutes celles qui vous tomberont sous la main.

Voilà tout, mes enfants.

Ce cours élémentaire est fort abrégé sans doute, mais il suffira, je l'espère, pour guider vos premiers pas dans la pratique du jardinage. Au revoir donc, je reviendrai dans peu pour vous initier aux travaux plus sérieux de la transplantation, de la bouture de la greffe, de la taille, etc.

Travaillez en attendant, étudiez, cultivez, ramassez vos semences, conservez-les avec soin et bénissez encore le Tout-Puissant, car il vous laisse dans la faible graine que vous récoltez un de ses dons les plus précieux : l'espérance.

FIN.

TABLE DES MATIÈRES

CONTENUES DANS LA PREMIÈRE PARTIE.

Nantes, Imprimerie de VINCENT FOREST, place du Commerce, 1.